サッカー上達の科学

いやでも巧くなるトレーニングメソッド

村松 尚登　著

ブルーバックス

Dedico este libro a Johan Cruyff, mi filósofo futbolístico.
¡Descanse en paz!

本書でご紹介するトレーニングを実践していただくために、
動画等を掲載した特設サイトを開設しました。
下記のQRコードを読み取ってアクセスしてください。

QRコードが読み取れない場合には、下記のサイトにアクセスしてください。
http://bluebacks.kodansha.co.jp/special/football.html

（QRコードは㈱デンソーウェーブの登録商標です）

●カバー装幀／芦澤泰偉・児崎雅淑
●カバー写真／ Action Plus／アフロ
●著者近影／高橋学
●構成協力／細江克弥
●本文デザイン・図版制作／鈴木知哉＋あざみ野図案室
●もくじ写真／フィールド（ⓒiStockphoto.com/Jakgree）
ボール（ⓒiStockphoto.com/daboost）
●著者エージェント／アップルシード・エージェンシー

はじめに

唐突ですが、ジャンケンで確実に勝つ方法をご存じですか？

正解は……、〝後出しジャンケン〟。「ズルい！」という声が聞こえてきそうですね。確かに、「同時に手を出す」ことがルールとなっているジャンケンで「後出し」するのは反則です。

でも、これがサッカーの試合中だったら？　相手の動きを察知して、それを出し抜くプレーを選択する。本当はトラップしようと考えていたけれど、相手が体を寄せてくるのを見て、瞬間的にワンタッチで味方にパスを出すプレーに切り換える。個人個人が責任を担う局面を有利に進めることで、チームとしての勝利により近づくことができるのですから、称えられてしかるべきです。

本書は、サッカーのプレー中に〝後出しジャンケン〟できる選手になりたい、そんな選手を育てたい——そうした潜在的な願望をもっている人のために書きました。

私の念頭には、以前に耳にしたある選手の言葉があります。

「ボールをトラップする瞬間、ボールは目の端っこでしか見ていないよ。仲間や相対する選手の動きを確認しながら、『オレは右側にトラップしてドリブルに移るつもりだけど、お前はどうする？』『もし右側をケアしにくるなら、オレは左に動く準備もできてるけど、さてお前はどうする？』という感じで、相手と駆け引きしながらトラップの瞬間を楽しんでいるんだ」

サッカーで〝後出しジャンケン〟できる選手――彼はその、ひとつの理想型です。

違う表現をしてみましょう。「バスケットボールのように、サッカーをプレーできたらいいな」――そんなふうに思うこともあります。足に比べてより器用に動かせる手でボールを扱うバスケットなら、たとえばドリブル中にボールをまったく見ずに目と意識を周囲の状況や相手の動きを認識するために向けることができ、そのぶん優位に駆け引きに臨むことが可能です。ギリギリでプレーの選択肢を変えられる。〝後出しジャンケン〟の本質のひとつがこれです。

もうひとつ、大事なことがあります。後出しジャンケン的にギリギリの判断でプレーを変えようにも、体が動かなければ意味がありません。トラップする直前に、相手が猛然と寄せてくるのに気づいた。でも、ワンタッチでのパスに切り換えることができずに、ボールを奪われてしまう――サッカーの言葉で言えば、「見えている」のに、それに対応できない状態です。「自分の思いどおりに体を動かせる」こともまた、後出しジャンケンに必要不可欠な要素なのです。

「両足を自在に操り、つねに相手の逆を突ける選手」――具体的に言えば、FCバルセロナで活躍するアンドレス・イニエスタやネイマールがその代表でしょう。彼らのようなトップ選手の名前を聞くと、「その能力は『天性』のもの」と思ってしまいがちですが、それは違います。実は、トレーニングによって習得できる要素が多々あるのです。しかも、何気なくやっている〝いつもの練習〟にちょっとした工夫を加えるだけで――。

本書で紹介する全42トレーニングは、リフティングやコーンドリブルなど、サッカーの練習ではおなじみのメニューが中核を成しています。ウォーミングアップ代わりになんとなく採り入れているチームも多いと思いますが、実にもったいない！

リフティングなら、使えるキックの種類や、ボールを上げていい高さを制限する。ドリブルなら、スキップを採り入れて、リズムを設定する。さらには、判断力を養うために「言葉遊び」の要素を加える……、などのひと工夫で、後出しジャンケンのできる「ほんとうに巧い」選手へとステップアップするトレーニングに早変わりするのですから。

中には、ハイハイ歩きやおんぶなどの風変わりなメニューもありますが、これらはいずれも、関節の可動域を広げたり、複数の関節の連動性を高めたり、あるいは重心移動のコツを摑んだりするなど、「思いどおりに体を動かす」ための基礎を固めてくれるものばかりです。

そして、体を動かすトレーニングは、実際の動きを見てまねるのが第一歩。本書では、全メニューを実演した動画が用意されています。メニューによっては、前から撮影したもの／横からのもの、通常スピードとスーパースロー再生のものなど、複数種の映像を準備し、特設サイトで一覧できるようになっています（http://bluebacks.kodansha.co.jp/special/football.html）。

ゲーム性の高いトレーニングもたくさん含まれていますので、チームみんなで楽しみながら、上達に励んでください！

目次

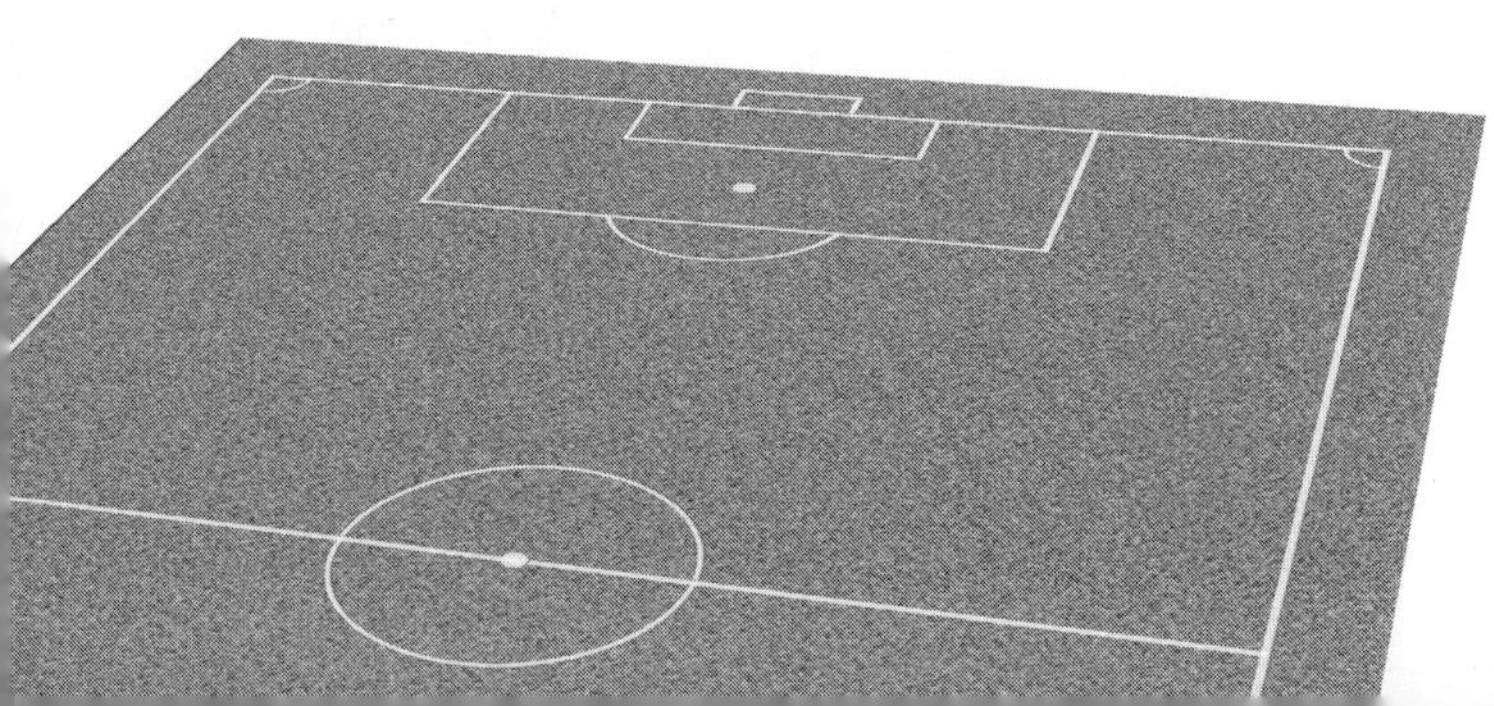

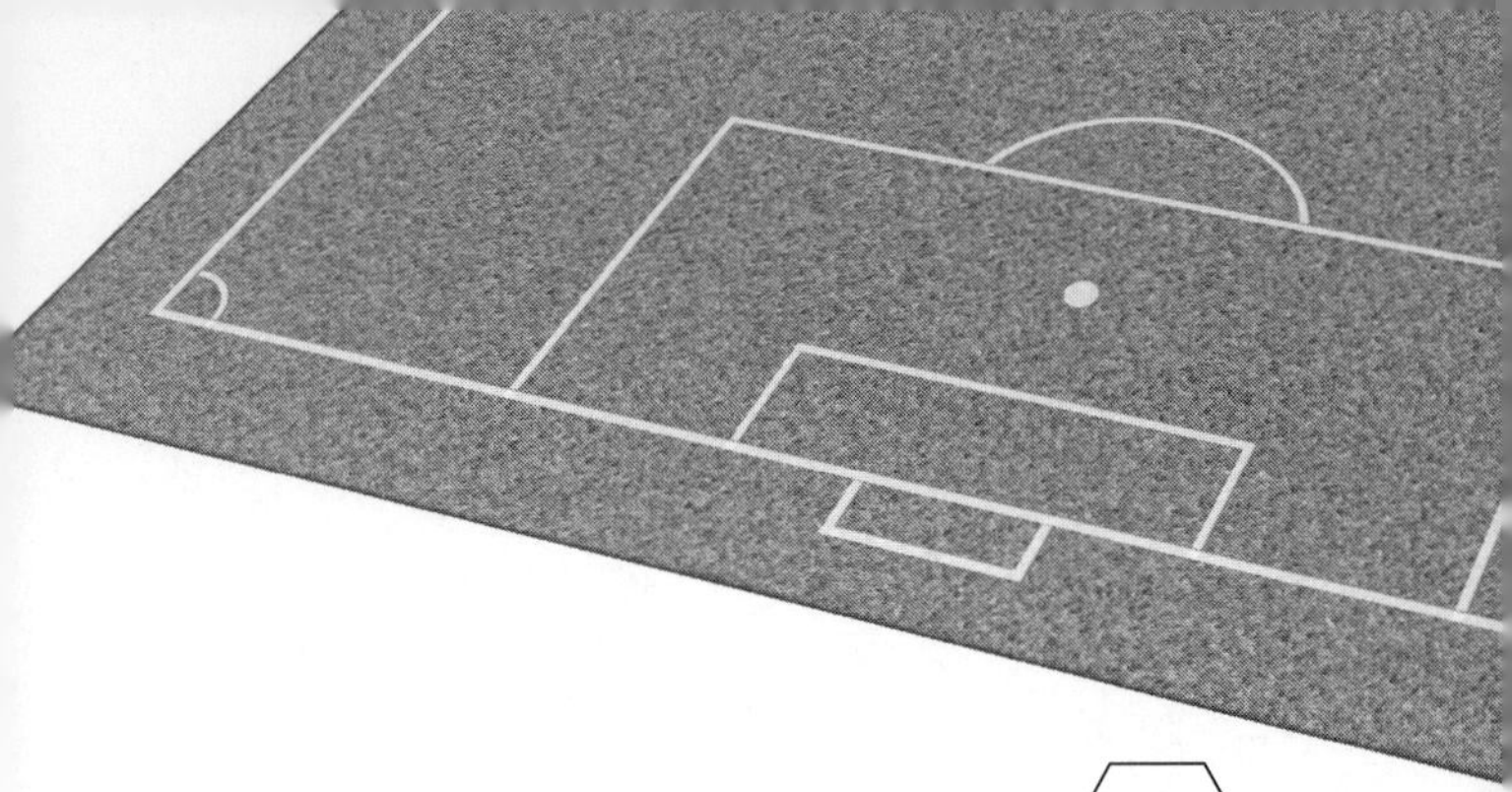

第4章

第5章

「強くしなやかな体幹」を手に入れる

手に入れたいのは、「強くしなやかな体幹」／「しなやかさ」≠「体のやわらかさ」／「90％の脱力」が「しなやかな体幹」を生む／「当たり負けしない」よりも「いなす」プレーを／「強くしなやかな体幹」を実現するのは「良い姿勢」

第6章 脳を活性化する「複雑課題」トレーニング

プロローグ
日本の子供たちを〝化けさせる〟ために必要なこと

「見えない自分」を、思いどおりに動かす

本書を執筆する動機となったのは、あるアスリートの言葉でした。

フジテレビ系列で放送されていた『笑っていいとも！』という番組については、みなさんもよくご存じのことと思います。私が心を動かされたのは、ある日のコーナーに出演していた元十種競技日本チャンピオン・武井壮さんのひと言でした。

「スポーツの練習をするよりも前に、やっておくべきことがあるんです。それは、『自分の体を動かす技術』を上げること。頭でやっていることと実際にやっていることは、ズレてしまう可能性があります。スポーツ選手がよく陥《おちい》る〝スランプ〟の原因が、それなんです」

私は思わず、「そうそう！」とつぶやきました。ボールを蹴っている自分をビデオで撮影して

みると、イメージしているフォームとは大きく異なり、がっかりすることがあります。そういう経験、みなさんにもありませんか？　この後に続く武井さんの言葉は、まさに核心を突くものでした。

「自分が真横だと思ったところまで腕を上げたのに、それがズレている。これが、アスリートにとっては大きな問題なんです。たとえば、ボールを投げるとき、自分で自分の腕を見ることはできません。同じように、打つときもバットを振る自分のフォームを見ることができません。スポーツをやっているときは、自分の視線をボールや相手選手に向けて、自分が動かしている腕や脚を見ずに自分の体を動かしているんです。つまり、〝自分の目では見ていないもの〟を動かしている。だから、自分が思っている動きとズレてしまっているということは、かなり大きな問題なんです」

具体例を示すために、武井さんは隣にいるタモリさんに「目をつぶったまま、腕を〝真横〟と思う高さまで上げてみてください」と言いました。しかし、目を閉じたタモリさんの腕は、〝真横〟よりも少し高く上がり、スタジオで観覧しているお客さんからは「ああ！」と声が上がります。それを見た武井さんは、こう解説しました。

「ズレている状態のままスポーツを習得するのと、しっかりとした基準を覚えて、それから練習するのとではまったく違う。だから、自分の体を思ったように動かすトレーニングをすることがいちばん大事なんです」

このひと言によって、私の中でモヤモヤしていたものが一気に晴れました。彼が主張していることは、まさに私が頭の中で繰り返し繰り返し考えながら、それでいてうまく言葉にできなかったこと、そのものだったからです。

自分の体を思いどおりに動かす――。

サッカーという競技において、これを実現することこそ、本書におけるメインテーマです。

サッカーは、サッカーをすることで巧くなる

さて、私の著書を初めて手に取ってくださったみなさん、あるいは、私自身のことをまったく知らないみなさんに、自己紹介を兼ねて少しお話しします。

「日本サッカーを、いつか世界の頂点に！」

そんな大きな夢を描いた1996年夏、当時23歳だった私は、「日本サッカーが強くなるためのヒント」を求めて、単身スペインへと渡りました。以降13年間におよぶスペインでのコーチ〝修業〟を経て、日本に帰国したのが2009年のこと。異国の地での〝修業〟を活かすべく日本での〝実践〟をスタートさせてから、7年の歳月が流れました。

日本ではこれまで、二つのチームでコーチを務めました。

２００９年に開校したＦＣバルセロナスクール福岡校で約3年半。２０１３年春からは、茨城県水戸市に本拠地を構えるＪリーグのクラブ、水戸ホーリーホックのアカデミーコーチとして新たなキャリアを歩き始めています。

言うまでもなく、日本サッカーが「世界一」を目指すためには、育成年代の強化が不可欠です。特に、著しい成長曲線を描く、あるいは、そのための大切な土台づくりとなる「ゴールデンエイジ（9～12歳）」とどのように向き合うかという課題には、日本のみならず世界的にも大きな関心が寄せられています。

その現場に指導者として立ち、〝未来〟をつくる作業に没頭することには、とても大きなやり甲斐がありますし、同時に、大きな責任も感じています。指導者としての舞台がスペインでも日本でも、その思いに変わりはありません。

スペインが誇る名門クラブ・ＦＣバルセロナ（愛称はバルサ）のスクール部門である「エスコーラ」をはじめ、スペインのいくつものクラブを渡り歩いたコーチ修業では、指導者としての個性やもつべき指針を手に入れることができました。

スペインでは、日本のグラウンドでよく見られる、縦一直線に並べたコーンをジグザグに抜いていくだけのドリブル練習――つまり、ボールテクニックを磨くだけの反復練習や、ボールを使わずに体力の強化だけを目的としたフィジカルトレーニングをほとんど行いません。

サッカーはあくまで、プレー全体としての〝ゲーム〟であり、細分化して局面だけを切り取ることはできない――。

スペインに根づくそのような考えから、「サッカー＝ゲーム」の要素を排除したトレーニングを極力避けようと試みているのです。

「サッカーは、サッカーをすることで巧くなる」

これが、指導における〝スペイン流〟の基本理念です。

「日本の子供たち」×「スペイン流の指導」＝「飛躍的成長」？

サッカーファンのみなさんならよくご存じのとおり、近年、スペインサッカー界は空前の盛り上がりを見せました。

２０００年代中頃から黄金期を迎えたＦＣバルセロナは、今世紀だけで4度の欧州チャンピオンズリーグ制覇を達成するなど、いくつものタイトルを手中に収め、「世界最強」の称号をほしいままにしています。

２００８年にヨーロッパ選手権を制したスペイン代表は、その後、２０１０年ワールドカッ

21世紀のクラブシーンを席巻するFCバルセロナ　「サッカー＝ゲーム」の理念に基づき、つねにボールを使ったトレーニングを通して、幾多の名手を輩出してきた。2015年6月、欧州チャンピオンズリーグ決勝を制し、優勝トロフィー（通称“ビッグイヤー”）を囲む選手たち（©Insidefoto／アフロ）

プ・南アフリカ大会、2012年ヨーロッパ選手権と国際タイトル3連覇を達成しました。

元ブラジル代表のロナウジーニョやアルゼンチン代表のリオネル・メッシら、バルサにおいては外国籍選手も活躍しましたが、チームを構成するほとんどの選手はスペイン人でした。そしてもちろん、スペイン代表はスペイン人によって構成されています。

あまりに唐突なスペイン黄金時代の到来はサッカー界に大きなインパクトを残しましたが、1996年から現地で子供たちの指導にあたっていた私——黄金時代を築いた選手たちの育成年代を間近に見てきた私——にとって、それは決して驚くべきことではありませんでした。

そんなスペインに根づいているのが、「サッカーは、サッカーをすることで巧くなる」という指導理念なのです。この言葉の意味を、もう一度頭の中で考えてみてください。

サッカーはチームスポーツ。対戦相手がいて、駆け引きがあってこそのスポーツ。それぞれの局面を切り取ることはできず、だからこそ、ドリブルやパス、シュートといった個別の技術の反復練習はサッカーの上達には結びつかない――非常に説得力のある言葉だと思います。

私は、他のヨーロッパ諸国や南米諸国と比較して、決して体格には恵まれていないスペイン人選手が世界の頂点に立つことができた理由は、まさにこの指導理念にあるのではないかと考えました。そのうえで、「日本の未来」を想像して少なからず興奮したものです。

「体格が小さい」「ボール扱いが優れている」という共通項をもつ日本人も、スペイン人と同じ指導を受けることで大きく成長できるのではないか。そう考えたからです。

そうした思いを胸に秘め、日本での指導をスタートさせて7年。繰り返しますが、自分なりのアレンジを加えた〝スペイン流〟の指導方針に基本的な変化はありません。

しかし私は、日本に帰ってきてからずっと、指導者としての自分にもの足りなさを感じていました。

「日本の子供たち」と「スペイン流の指導」をうまく掛け合わせることで、もっと大きな変化を生むはず――シンプルにそう考えていたのです。しかし、現状においては、指導者として満足できるほどの成果を挙げられていません。

私はずっとその原因を考え、模索し、モヤモヤした気持ちを抱えていました。子供たちに課すトレーニングメニュー、かける言葉、指導者としての向き合い方において試行錯誤を重ねながらも、大きな壁にぶち当たっていることを実感していました。

そんなとき、少し大袈裟かもしれませんが、ふとテレビから聞こえてきた武井さんの言葉に救われた気がしました。なぜなら、彼の言葉は私の「試行錯誤」が正しい方向に進んでいると確信させてくれたからです。

その頃の私は、スペイン流の指導をベースとしながら、大きなアレンジを加えようとしていました。その変化は、スペイン流にこだわる〝以前〟の私を知る人にとって、大きな驚きだったようです。無理もありません。「サッカーは戦術だ！」としつこいくらいに言いつづけ、あくまでスペイン流の指導に執着していた私が、コーンを並べて子供たちにジグザグドリブルさせる反復練習を課していたのですから。

日本の子供たち独特の思考形態

指導者としての理念は変えずに、しかし、トレーニングメニューは変えてみようと思うきっかけとなったのは、「スペインと日本の違い」に気づいたことでした。サッカーは世界共通のスポーツですが、当然ながら、日本の子供たちとスペインの子供たちは、さまざまな点で大きく異なっています。

性格が違う。リアクションが違う。環境が違う。親をはじめ、成長を見守る大人たちの言動や気持ちも違う――。

そうした〝違い〟は、日本人とスペイン人の共通項に目を向けて〝スペイン流〟をあてはめようとした私にとって、決して小さくない戸惑いとなりました。頭の中では十分に理解していたつもりでも、13年ぶりに接した日本の子供たちは、私の想像以上にスペインの子供たちと大きく異なっていたのです。しかしそれは、あらためて考えてみると〝ポジティブな差異〟であり、大きな可能性であることに気づかされました。

いくつもある〝違い〟の中で、特に気になることがあります。少し抽象的な言い方かもしれませんが、みなさんもぜひ、イメージしてみてください。

スペインの子供たちとは違い、日本の子供たちは「飛躍的なレベルアップ」を求める傾向にある――。

日本の子供たちに将来の夢を問うと、次のような答えが返ってきます。

「海外で活躍するような、プロのサッカー選手になりたい！」

「日本代表になりたい！」

ごく当たり前のやり取りのように聞こえますが、スペインの子供たちに同様の質問をしても、このような答えは必ずしも返ってきません。もちろん、名門クラブの下部組織でエースとして活躍しているような子なら話は別です。成長を期待されていることを理解している子は、むしろ堂々と大きな目標を口にするでしょう。

しかし、たとえば、どこにでもある町クラブのサッカー少年が「いつかプロになりたい」と答えるケースは稀です。小学校低学年ならまだしも、高学年や中学生の子などは「プロになりたい」とはあまり言いません。日本の子供たちに比べてより身近に世界に名だたる名門クラブがたくさんあり、毎週のようにトップクラスの選手たちのプレーを間近に見ることができる彼らが、大きな夢を語ることがないのはなぜでしょうか？

スペインの子供たちは、良くも悪くも、選手としての自分の〝立ち位置〟を明確に把握しています。所属チームの中で、自分は何番めに巧いのか。最も巧い子と比較して、どの程度の実力なのか。自分には、プロになれるだけの才能があるのかないのか――。それを子供の頃から理解している彼らは、決して〝分不相応なこと〟を口にしないのです。

一方、日本の子供たちは「飛躍的なレベルアップ」を期待する傾向にあります。どこにでもある町クラブや少年団の多くのサッカー少年が、たとえそのチームのレギュラーでさえなくとも、まるで条件反射のように「海外で活躍したい」「日本代表になりたい」と口にします。おそらくこれは、選手としての自分の立ち位置を客観的にとらえられていないからこそ発せられる言葉であり、育成システムの違いとともに「サッカーが文化として定着していない」ことの表れでもあると思います。

ただしそれは、決してネガティブなことではありません。サッカーが文化として定着していないからこそ、大きな夢をもつことができる。それに向かって挑戦することができる。その過程で、他者と比較しながら自分について考える行為そのものは、人間形成において子供たちの成長にきっと役立つはずです。

なにしろ、私自身が自分の立ち位置をわきまえずにスペインに渡ったのですから、彼らのそうした気持ちを否定することはできません。むしろ自らの経験をふまえて、「自分への期待が大きいほど、成長の速度は飛躍的に上がる」とポジティブに解釈できると考えています。

いかにして「化けさせる」か

話を戻しましょう。

日本の子供たちが「飛躍的なレベルアップを遂げたい！」、すなわち「化けたい！」と考えているなら、それを期待しないスペイン流の指導をそのままあてはめることはできません。日本の子供たちを〝スペイン流〟で指導するなら、「サッカーは、サッカーをすることで巧くなる」という考え方を基本としつつ、〝化けるための何か〟をプラスしなければなりません。

ここ数年、私はさまざまな取り組みをされている全国の指導者仲間はもちろん、サッカー界だけにとどまらず、いろいろなジャンルの専門家からのアドバイスに耳を傾け、実際に目にすることで〝化けるための何か〟を模索し、探求してきました。その答えが、武井さんが言う「自分の体を思いどおりに動かす」ことであり、具体的なトレーニング方法としてコーンを並べてのジグザグドリブルの反復練習などを課すようになりました。

方向性が明確に定まったことで、それを実現するためのノウハウの探求にも、拍車がかかりました。そして、現時点の私が持ち合わせている〝答え〟をご紹介するために、本書を執筆することになりました。

キーワードは、「体と心をリセットし、鍛錬する」。

多くの子供たちには、サッカーをプレーしているときの「悪い習慣」が身についてしまっています。猫背でプレーしてしまう、足下のボールを見すぎてしまう、目線がおへそと同じ方向ばかり向いてしまう……。いずれも、飛躍的な上達のためには取り除くべき要素ばかりです。

同様に、余計な力が入りすぎてしまう、相手の動きを最後まで見ずにプレーしてしまう、目線で次のプレーを読まれてしまうなど、心に起因する悪い習慣も存在します。それらの〝悪癖〟にとりつかれた体と心をリセットすることが、「飛躍的なレベルアップ」への第一歩となると思っています。

本書では、悪い習慣を取り除き、「自分の体を思いどおりに動かす」ことを実現し、自分の身体に内在している潜在能力を引き出すための具体的なアイデアとトレーニング方法について説明します。読者のみなさんの中には、部活動やクラブの現場で、実際に指導にあたられている方もいらっしゃることでしょう。「日本の子供たちを化けさせるために必要なプラスアルファ」について一緒に考えながら、本書を読み進めていただけたら幸いです。

さあ、まずはスペインと日本の違いを徹底的に洗い出すところから話を進めていきましょう。200ページ以上の長丁場となりますが、どうか最後まで、根気強くお付き合いいただければ幸いです。

第1章

スペインでの「ベスト」は、日本での「ベスト」ではない

「未来のために生きる」日本人、「今を生きる」スペイン人

まずは、私がトレーニング方法をアレンジするきっかけとなった「スペイン人と日本人の違い」についてお話しします。両者の違いには、日本の子供たちを化けさせるトレーニングメソッドを考えるヒントが詰まっているからです。

プロローグでお話ししたとおり、日本の子供たちの多くは、「遠く、大きな夢」を語る傾向にあります。一方、スペインの子供たちはきわめて近く、日本人に比べればとても小さな目標を口にします。

「次の試合は絶対に勝ちたい」
「次の試合でゴールを決めたい」
「次の試合にスタメンで出て活躍したい」

彼らの頭の中にあるのは、毎週末に行われる「次の試合」のことばかり。各地域、各カテゴリー別のリーグ戦文化が定着しているスペインでは、毎週末のリーグ戦の試合は、いわば〝定期テスト〟のような存在です。ウィークデーの練習は、それに備える勉強期間。テストの結果は1週間ごとに判明するため、個人として、チームとして「できたこと／できなかったこと」がつねに

明確になり、次のテスト（試合）に向けて、その課題解消に取り組む勉強（練習）に励みます。

サッカーにおける1週間単位のこのサイクルは、スペインでは子供も大人も、そしてプロ選手も変わりありません。だから彼らの目標は、いつも「次の試合」に向けられているのです。

日本で生まれ育った私にとって、渡西して間近に触れたこの文化は、とてもうらやましく感じられるものでした。近年では日本でもかなり整備が進んできましたが、私が学生だった当時、〝毎週末のリーグ戦文化〟はほとんど定着していない状況でした。

目標となるのは、全国大会へとつながる年に数度の大きな大会だけ。そのため、少年時代の私はいつも〝はるか遠い目標〟に向かって毎日の練習に励んでいた気がします。

「県予選で優勝して、全日本少年サッカー大会に出たい」

「高校生になったら、冬の全国高校サッカー選手権大会に出たい」

年に一度の全国大会、あるいはそれに準じる大きな大会は〝遠い目標〟の代表例です。かつてサッカー少年だった大人のみなさんも、ご自身の少年時代を振り返って思い当たるところがあるかもしれません。

よく考えてみると、これは受験のシステムと同様です。大学受験ともなれば、1年も2年も前から一発勝負の入試に向けて机に向かい、コツコツと知識を上積みして本番に臨みます。遠くて大きな目標を実現するためには、日々の小さな努力を地道に重ねるしかありません。

一方、スペインにおける試合と試験は、日本におけるそれと比べて、はるかに近く、はるかに小さなものばかりです。短いスパンで結果を知ることができるサイクルには充実感があり、スペインにいた頃の私には、この文化がとてもうらやましく感じられたのでした。

ただし、このサイクルには、「未来のサッカー選手を育てる」という意味で、ネガティブに働く側面もある気がします。

短いスパンで知る結果は、その選手やチームにとっての〝現実〟とイコールです。小さな地域のリーグで負け越してしまうチーム、そこでレギュラーを争うような選手なら、「自分はその程度の選手だ」と如実に認識してしまい、週末の試合は「楽しみ」でも、「将来はメッシのようになりたい」とは考えられません。スペインの子供たちは、週末ごとに結果を得られる充実感と引き換えに、目の前に横たわる冷たい現実を直視しなければならないのです。

未来(将来)のために努力する日本人と、今(週末の試合)のために努力するスペイン人。この違いは決して小さなものではなく、日々のトレーニングのあり方にも、大いに影響を及ぼすことになります。

「巧くなることが目的」の日本人、「勝つことが目的」のスペイン人

サッカーはスポーツであり、勝敗を競うゲームです。もちろんこの本質は、世界中どこでも変わりません。しかし、「勝負にこだわる姿勢」については、スペインをはじめとする〝海外〟のほうが、より強く浸透している気がします。

スペインに渡ったばかりの頃、近所の公園で行われていた子供たちの草サッカーに初めて参加したときの驚きは、今でも忘れられません。

彼らにとって重要なのは、「巧さ」ではなく「勝敗」。どんなにヘタでもチームが勝てば大喜びし、負ければ「もう1試合！」と勝つまで続け、決してあきらめようとしないのです。

個人に対する評価は、巧さではなく、勝つために〝使える〟かどうか。私はプレーヤーとしてもいくつかのアマチュアチームに所属していましたが、どのカテゴリーにおいても、スペインの人々は「勝つ」ことを目的としてサッカーを楽しんでいました。

もちろんそれは、週末に足を運ぶスタジアムの雰囲気にも通じます。勝つことを最大の目的としているからこそ、スペインをはじめとする〝海外〟のスタジアムでは、あれだけ熱狂的な雰囲気が醸し出されるのです。

スペインで13年もの歳月を過ごし、毎週末のようにスタジアムに駆けつけていた私は、すっかり彼らと同じメンタリティーをもつようになりました。

サッカーはスポーツ。スポーツはゲーム。ゲームには、勝敗がつきもの。だからこそ、「勝つ」ことで初めて、心から喜ぶことができるのです。努力に支えられた成功体験とそれによって得られる喜びは、選手の成長を力強く後押しします。もちろんそれは、選手の成長を促すうえで、世界共通の特効薬となるでしょう。

「勝つこと」にこだわる姿勢は、日本においても強く求められています。日本でもスペインでも、サッカー選手として〝上〟を目指すなら、誰よりも負けず嫌いでなければなりません。「今日は練習試合だから負けてもOK」という姿勢では、サッカーの本質的な面白さを味わうことはできません。しかし、スペインと比較すると、日本の子供たちには「勝負に対するこだわり」が希薄であると感じています。

日本の子供たちが考えているのは、「勝つためにどうするか」よりも「巧くなるためにどうするか」。一方の指導者は、「勝つため」なら試合内容なんて関係なく、選手に罵声を浴びせてもいいと考えている人もいれば、「面白い（いい）サッカーをするため」の戦術を考えることに没頭してしまう人もいて、両極端です。対照的に、スペイン人にとっての戦術やスタイルは、あくまでも「勝つため」の手段でしかありません。

スペイン代表は、華麗なパスワークを「武器」とする〝美しいサッカー〟で世界の頂点に立ちました。もっとも、その武器を選択した理由は、あくまで「勝つため」です。美しいサッカーをやろうとして、結果的に勝利したのでは決してありません。彼らは「勝つため」に、美しいサッカーを選択したのです。

日本の育成現場で指導にあたっていると、以前より子供たちが戦術やスタイルについて〝語る〟ようになったこと、さらに、多くの指導者が戦術について議論するようになったことを実感します。これはおそらく、日々加速する情報社会の影響もあるのでしょう。最先端の戦術やスタイルをリアルタイムで見ることができ、それに対する批評や評価なども簡単に入手できる時代です。研究熱心な日本人の気質が、〝内容〟に対するこだわりの強さに拍車をかけている気もします。

ここでお伝えしたいのは、スペインと日本の「どちらがいいか」に対する意見や評価ではありません。スペインはスペイン、日本は日本。ただ、結果より内容にこだわりがちな日本人の気質もサッカーの上達にうまく活かせるはずだと考え、ここであらためて指摘しているのです。

「努力至上主義」の日本人、「実力至上主義」のスペイン人

スペインでは、サッカー界全体が同じスケジュールで動いています。

シーズンのスタートは毎年夏。年末年始のクリスマス休暇をはさんで翌年の5～6月にそのシーズンを終え、約2ヵ月間のオフを迎えます。ヨーロッパサッカーのファンのみなさんならよく

ご存じのとおり、オフの期間には移籍マーケットが開き、クラブ間の交渉によって選手の移籍が成立します。移籍した選手は新天地で夏の開幕を迎え、新たなシーズンを戦います。

そうした1年単位のサイクルは、トップリーグであるリーガ・エスパニョーラだけでなく、あらゆる年代別カテゴリーに共通しています。18歳も15歳も、12歳の少年チームも、年間スケジュールはプロとほぼ同じ。夏に開幕して翌年5～6月に閉幕し、夏のバカンスと移籍マーケットを経て、また新たなシーズンへと突入します。

驚く人もいるかもしれませんが、子供たちのサッカー界にも移籍マーケットは存在します。そのシーズンで素晴らしい成績を残した選手は他の強豪クラブに引き抜かれ、逆に結果を残せなかった選手は「戦力外」を通告されて、他のクラブへと新天地を求めます。

スペインでは地域別、年代別、レベル別にリーグ戦が設けられているため、すべてのリーグで毎週、真剣勝負が繰り広げられています。各チームは毎年のように戦力をコントロールしているため、チーム内には必要十分な選手数しか存在しません。したがって、「補欠」という概念もほぼ存在しません。

だからこそ彼らは、毎年のように〝ふるい〟にかけられ、1年という非常に短いサイクルの中で、大人たちと同じような緊張感をもって戦っているのです。喩《たと》えるなら、「実力至上主義の狩猟民族」といったところでしょうか。

一方、日本では、プロとアマチュアのサイクルは大きく異なります。

Jリーグのプロ選手たちはスペインと同じく1年サイクルのリーグ戦を戦っていますが、子供たちのサイクルはいわゆる「6―3―3―4」の教育制度に基づいています。

小学生の目標は、6年時の全国大会に出場すること。中学生と高校生は3年時、大学生なら4年時といったように、最終学年にして初めて〝本番〟を迎えるプレーサイクルが定着しています。学年ごとの大会やリーグ戦はあっても、メインイベントにはなり得ません。たとえば、高校のAチームはほとんどが3年生で構成されています。学年ごとの大会や試合の機会があるとはいえ、2年生や1年生のほとんどは「補欠」と考えられています。

もちろん移籍マーケットも存在しないため、レベルに合わせて所属チームを変えるのは簡単ではありません。「3年間ずっと補欠だった」という選手が決して少なくないのは、おそらくそのためでしょう。彼らはレギュラーになることを目標としながら、3年間、ひたすら努力することに精力を注ぎ続けます。

これは指導者にとってもきわめて難しい問題で、「補欠」を伝えることは「育てることを放棄した」と見られかねません。指導者の仕事は、たとえ個々のレベルに大きな差が生じてしまっても、チーム全体を最後まで管理し、すべての選手の能力を伸ばすこと。それが、日本の育成システムにおける実情です。スペインと比べて、6年、3年、3年、4年と非常に長いサイクルで戦っている日本の子供たちは、「努力至上主義の農耕民族」と喩えられるかもしれません。

また、遠く大きな目標を目指す日本の育成システムにおいては、努力至上主義とともに勝利至上主義が浸透しやすい傾向にあります。トーナメント方式の大会がもたらす「負けたら終わり」という危機感と悲愴感は、サッカーの楽しさそのものを奪いかねません。

3年間ずっと補欠でサッカーそのものを楽しむことができない環境、たとえレギュラーになっても大きな大会で一度負けたらすべてが終わってしまう過酷な環境は、育成のみならず普及の観点からもプラスに作用するとは言えません。「次」のチャンスを提供し続けるスペインのリーグ戦文化は、日本の育成システムにおいてもさらに拡充させる必要があると思います。子供たちに毎週末の真剣勝負を楽しませる。補欠を減らす。サッカーそのものを満喫させる。それは、サッカーに携わる私たち大人が、未来ある子供たちに提供すべき環境であるはずです。

もっとも、努力至上主義や勝利至上主義が浸透しやすい環境にあって、簡単にはあきらめない、夢を追い続ける、その過程を大切にするという日本人の国民的特性はやはり大事にすべきだと思います。日本の子供たちは、努力を積み重ねることの大切さをよく理解しています。だからこそ、「化けたい」と強く願う子供たちの思いに、指導者として応えたい。その試みは、サッカーの楽しさを増幅させてくれると思うのです。

制度や文化の違いを嘆いても、何も始まりません。私が考えているのは、長いスパンで努力できる日本人の特徴を、もっと活かすべきであるということです。農耕民族には、農耕民族に合ったトレーニングの方法があるはず。そこにも、〝化ける〟ための大きなヒントが隠されていると感じています。

「誰もがプロ選手を夢見る」日本人、「現実を生きる」スペイン人

「真面目」「勤勉」と評される日本人の国民性を考えれば〝逆〟のような気もしますが、特に育成年代においては、現実的かつ客観的な実力をよく理解しているスペイン人の子供たちと比較すると、日本の子供たちは大きな目標をもち、少しネガティブな言い方をすれば「夢見がち」な傾向にあります。その理由は、「プロローグ」で触れたとおりです。

スペインの育成システムでは、つねにチームとしての序列や個人としての序列が明確化されています。実力的に優れている子は上のカテゴリーに引き上げられ、または、より大きなクラブに引き抜かれるため、必然的に自分の実力（親からすれば〝我が子の実力〟）を客観的に把握することができます。

そのため、その子供自身も「偶発的かつ飛躍的なレベルアップ」を期待することはなかなかありません。指導者も毎週末のリーグ戦を見据えて担当するチームのレベルに応じた指導をするた

め、飛躍的なレベルアップをさせようとは考えません。これこそまさに、「日本と世界の差」としてよく指摘される「サッカーがその国の文化として根づいている」ことの表れと言えるでしょう。

しかし一方で、その文化のせいで、トッププロを頂点とする巨大なピラミッドのどの位置に自分がいるのかを明確に認識しているため、ほとんどの子が〝背伸び〟をしないのです。

たとえば、地方リーグに所属する競争力の低いクラブでプレーしている中学生が、「将来はメッシみたいになりたい」などとはなかなか口にしません。むしろ「自動車整備士になりたい」「先生になりたい」「記者になりたい」など、具体的な職業を挙げて将来の希望を語ることが多く、子供たちのそうした姿勢には私自身も驚かされました。家庭や学校教育における考え方の違いに起因するものでしょうが、サッカーだけでなく、スペインの子供たちは、いろいろな意味で社会における自分の立ち位置をよく理解しているのです。

そのような背景から、スペインにおける育成年代の指導は、チーム全体の強化に焦点が合わせられています。飛び抜けて才能のある選手は、自動的に年代別のカテゴリーを飛び級で駆け上がり、あるいは1シーズンごとに訪れる移籍マーケットによって上のレベルのクラブへと移籍していきます。指導者の役割はあくまで自身が率いるチームを強化することであり、〝特別な原石〟を丁寧に磨き上げることではありません。

日本においては、まったく逆の現象が生じています。

子供たちは、大きな夢をもつことの大切さを、そして、その実現に向かって努力することの大切さをよく知っています。だから、たとえ叶わないとわかっていても、「香川真司のようになりたい」と口にします。その言葉を聞いた大人は、ホンネとしては「たいして練習していないのに……」と思うこともあるでしょう。しかし、ひるがえって思い返してみれば、自身も子供の頃には大きな夢を堂々と口にしていたのではないでしょうか。

スペインがそうであるように、子供の頃から具体的かつ現実的な目標をもつという環境には、子供と大人のギャップをなくし、社会に飛び込みやすくなるメリットがあります。一方、日本のように、小・中・高・大学において具体的な目標をもつことなく〝何となく〟進学し、就職活動を迎えて初めて「やりたいこと」を探しはじめる環境は、子供の成長という観点からはネガティブな側面もはらんでいます。

しかし、ある意味では「脳天気」とも言える——「もっともっと頑張れば、冬の高校サッカー選手権に出場できるかもしれない！」と本気で思える——環境は、子供たちの成長しようとするエネルギーを維持・増幅させうる点においては非常にポジティブであるととらえることができます。

意外に思われるかもしれませんが、実はスペインの子供たちは、チームのトレーニング以外で自主練習をすることはほとんどありません。日本の子供のように「夕方、一緒にボールを蹴ろうぜ！」とチームメイトを誘うこともなければ、「朝練をしよう！」と呼びかけることもありません。

対照的に日本の子供たちの中には、「ちょっと走ってくるわ！」と日が暮れてからでも家を飛び出し、当たり前のように朝練にも励もうとするサッカー小僧が全国にたくさんいます。指導者に対して「巧くなるためにはどうすればいいですか？」と質問し、キツい練習、面白くないトレーニングでも充実感をもってひたむきに取り組むことができます。その能力は、日本人独特のものです。

二つの国の子供たちの考え方や気質の違いを肌身で感じてきた私は、だからこそ、日本人には〝化ける〟資質があると考えています。

スペイン人は「勝つためにどうするか」を考えています。日本人は「巧くなるためにどうするか」を考えています。そのエネルギーを、うまく活かしたい。そんな思いも、私の〝研究〟が深みを増した理由のひとつです。

「化けることを期待する」日本人、「化けたヤツを探してくる」スペイン人

ハイレベルな選手が自動的にハイレベルな環境へと引き上げられる育成システムをもつスペインでは、指導者の役割は日本とは大きく異なっています。彼らの目的は、1年ごとにチームとしての結果を残すことであり、個々の選手を〝化けさせる〟ことではありません。

たとえば、「メッシを（上のカテゴリーに）飛び級で引き上げた」と紹介される指導者はいても、「メッシを育てた」と紹介される指導者は現れません。

メッシの少年時代にまつわるエピソードが語られるとき、かつて横浜フリューゲルス（1999年に解散）でも監督を務め、当時のFCバルセロナの下部組織の長だったカルロス・レシャックの名前がよく挙がります。しかし、彼もまた、入団テストを受けに来たメッシの獲得を決断した人物として紹介されることがほとんどです。もちろん、メッシも多くの指導者から影響を受けていることは間違いありませんが、私の知るかぎり、「メッシを育てた」という表現で紹介される指導者は存在しません。

対照的に、日本では「才能を発掘した」と紹介される指導者よりも、「育てた」と言われる指導者のほうが圧倒的に多く存在します。選手たちには「恩師」と慕う指導者がいて、「あの人に教えてもらったからこそ」と育成年代を振り返ることがきわめて多い。つまり日本には、育成年代の指導によって選手を〝化けさせている〟指導者が存在するのです。

それに気づいたとき、私はあらためて自分の力のなさを痛感しました。少なくともこれまでの私は、子供たちを〝化けさせられる〟指導者ではなかったからです（もちろん今でも、まだまだ努力が必要ですが……）。

スペインでは、指導者が選手を選ぶことができます。同じように、選手が指導者を選ぶこともできます。

一方、日本では、（一部の例外を除いて）指導者は選手を選べません。同じように、ほとんどの場合において選手も指導者を選べません。

フィーリングさえ合えば、良い関係を築くことができるでしょう。しかし、そうでない場合も、指導者と子供たちは少なくとも3～6年という長い時間をともに過ごさなければなりません。そのような環境では、指導者が一方的に、子供たちに「自分の好きなサッカー」を押しつけるわけにはいきません。指導者が果たすべき役割は、自分が理想とするサッカーを具現化することと……ではなく、「選手が求めるものを提供すること」だからです。

目の前に「化けたい！」と願い、そのためにはどんなトレーニングだってやり遂げると意気込む子供たちがいます。指導者として、どうすれば彼らのやる気や希望にうまく応えることができるか――日本に戻ってから7年、スペインと日本の違いに気づかされた私にとって、これこそが最大の課題となりました。

バルサに引き抜かれた少年が考えたこと

話が少しそれてしまうかもしれませんが、スペイン人のメンタリティーを物語るエピソードを紹介しましょう。

育成の名門として知られるバルセロナ郊外のとある町クラブで指導していた頃、ある選手がFCバルセロナの下部組織に引き抜かれました。ところが、わずか半年後に、彼は元のクラブに自ら帰ってきたのです。バルサでの現実に触れた彼は、当たり前のようにこう考えたのです。

――サッカーに打ち込む環境としては断然、バルサのほうが素晴らしい。でも僕は、ベンチに座るためにサッカーをやっているわけじゃない。プレーしたいんだ。

もし彼が日本人だったら、こう考えたのではないでしょうか。

――今はたとえベンチに座っていても、頑張ればいつかレギュラーになれるかもしれない。FCバルセロナのトップチームに昇格することだってできるかもしれない。だから、その夢に向かって一生懸命に努力しよう。

日本人には、広く名の知られた大企業で働くことを価値とする文化があります。一方、スペイン人は、分不相応な環境に身を置いて背伸びするのではなく、自分の力を最大限に発揮できる環境にいてこそ幸せと考える価値観をもっています。どちらがいいということではなく、そうした日本人のメンタリティーを理解することも、サッカーの指導において非常に有用なのではないかと思うのです。

スペインの子供たちは、「必然的に」成長する

「1シーズン」をチーム運営のサイクルとするスペインでは、どんなチームでも必ず、開幕前に目標を立てます。

レベルは関係ありません。たとえば、ある地域のU－13カテゴリーで3部リーグに所属するチーム（つまり、弱いチーム）でも、「今年もリーグ残留を目指す！」「今年こそベスト4に！」などの具体的な目標を立て、その実現に向けて1年間のリーグ戦を戦います。

もちろん指導者も、真剣そのもの。移籍マーケットによってメンバーは毎年のように変わりますが、現有戦力を有効活用し、チームとしての完成度を高めることに精力を注ぎます。指導者は、チームとしていかにその目標を達成するかを考え、そのプロセスにおいて、子供たちは必然的に成長します。

「必然的に」という言葉に引っかかる人もいるかもしれませんので、もう少し詳しく説明しまし

ょう。

前述のとおり、スペインでは年代別、レベル別にリーグ戦が用意されており、育成年代にも移籍マーケットが存在します。そのため、各リーグにおいて「圧倒的に強いチーム」や「圧倒的に巧い選手」は生まれません。階層別の育成システムと市場原理によって、「飛び抜けた才能」が滞留しないしくみが機能しているからです。

クラブ間の実力、選手の能力が拮抗しているリーグでは、つねにギリギリの戦いが繰り広げられています。指導者に期待されているのは、チームをひとつでも多くの勝利に導き、あわよくば上のレベルのリーグに昇格させること。それを達成すれば指導者としての評価は上がり、選手と同様、彼らも移籍マーケットを通じてより上位のクラブに引き抜かれます。そのようにして階段を駆け上がっていく野心的な指導者も少なくありません。

リーグ戦でつねに〝ギリギリの戦い〟が繰り広げられるということは、良い意味で、選手たちに余裕を与えません。チームの勝利に貢献するためには、つねに全力を出さなければならない。指導者も、選手個々の能力を最大限に引き出すことを考えています。

スペインで育成年代から「戦術」が浸透するのは、おそらくそのためでしょう。

指導者は勝つための戦術を考えて子供たちに徹底させ、「今できる最大限のパフォーマンス」を引き出すことに努めます。「苦手なプレー」、たとえば、ドリブルが苦手な選手に「単独で突破しろ」などとは決して言いません。苦手なプレーにトライさせてミスが生じれば、そのチームの勝敗に小さくない影響を及ぼすからです。レベルの拮抗した相手に勝つためには選手個々の「最大限のパフォーマンス」を引き出すことが大切で、戦術はそのために存在するのです。

もし、相手が明らかな格下であるのに「ドリブルするな！」と指示を出したのでは、その選手の〝伸びしろ〟を潰してしまうことになるでしょう。しかし、レベルが拮抗した相手とのリーグ戦では、そうした状況が生まれません。つまり、巧い子もそうでない子も、誰もが平等に自分のレベルに合った環境でサッカーを満喫することができるのです。それが、つねにギリギリの戦いを強いられるリーグ戦システムの大きなメリットです。

「あの子があんなに巧くなるなんて！」

スペインでは、子供たちの成長に対してそうした感覚をもつことが、ほとんどありません。見方を変えれば、スペインの子供たちがまるで突然変異のように〝化ける〟ことはないのです。その半面、チームとして〝勝つ〟ことを覚え、楽しみながら、地に足の着いた成長を遂げていきます。「必然的に」成長するとは、そのような意味を含んでいるのです。

日本に根づくポジティブ・シンキング

根本的な育成システムや環境の違いによって、スペインと日本では、指導者と子供たちの意識が大きく異なります。日常的にギリギリの戦いに身を置くスペインでは〝現実的な立ち位置〟がはっきりしているため、指導者も子供たちも、「必然的な成長曲線」を描くことを期待しています。

繰り返しますが、日本はまったくの逆です。町クラブの多くの指導者も「プロ選手を育てたい！」という情熱をもちながら指導にあたっていますし、子供たちも「県大会に出たい！」「全国大会に出たい！」「いつかプロ選手になりたい！」と大きな夢を抱いています。

振り返れば、子供の頃の私自身もそうでした。私が所属していた中学校のサッカー部は千葉県船橋市でベスト8になるのが精いっぱいのチームでしたが、「市で優勝したい！」「関東大会に出場したい！」と力強く夢を語っていた記憶があります。

そうした風潮はおそらく、数十年が経過した現在も変わっていません。私が指導していたチームでも、チームのレギュラーになれないような子が「県のトレセンに選ばれたい」「プロになりたい」と熱く語ります。そうした言葉からは、彼のサッカーに対する気持ちの強さを表していると感じられ、指導者としては素直に後押ししたくなります。

きっと、この本を読んでくださっている大人のみなさんにも、思い当たるところがあるのではないでしょうか。

頑張れば、必ずいいことがある。

努力した分だけ報われる。

どんなに大きな夢でも、追いかけることに意味がある。

日本ではこのような価値観が広く浸透しており、ある意味では、国民の美徳としてしっかりと根づいている気がします。意外に思われる人もいるかもしれませんが、スペインには、そうした風潮はありません。ポジティブ・シンキングは、真面目さや勤勉さと並ぶ日本人の特長だと思うのです。サッカーの指導においても、それを活かさない手はありません。

夢を追いかけてストイックに努力している子供たちを指導していると、その子自身が「変化している」という実感が、本人にも指導者にも生まれる瞬間があります。遠くて大きな夢に向かってびっくりするほど努力しても、もしかしたらその夢を叶えることはできないかもしれません。いや、その可能性のほうがずっと高いでしょう。しかし、それを実現する可能性は、ほんの少しずつでも高まっている気がします。

ひとつのことに集中して、「成長のためなら何でもやる」と自分で〝スイッチ〟を入れられる子は、指導者がうまく導くことができれば何でも積極的に行動し、自分自身に取り入れようとするメンタリティーと行動力を身につけるでしょう。それは、サッカーだけではなく、教育として非常に意義深いアプローチにもなります。

頑張れば〝何か〟に活きる。そう考えるのが、日本人の国民性です。事実、サッカーに真剣に取り組むことで〝何か〟を手にしている人は、私自身のまわりにもたくさんいます。

努力は必ず報われる。

真剣にそう語ることができる日本人のメンタリティーを、上達のためのトレーニングに活かすことができるはずだと考えています。

日本独自の「第三のカテゴリー」をどう指導するか

日本の育成年代には、大きく分けて3つの指導法が求められています。

ひとつめは、サッカーの楽しさを伝える指導。言い換えれば「普及」という言葉があてはまるでしょうか。

底辺で言えば、学校体育や地域の少年団やサッカースクールには、サッカーにそれほど興味がない、興味はあるけどやったことがない、あるいは、巧くはないけど好きという子供たちが存在します。彼ら（の親）は、社交性や協調性を育むための一手段としてサッカーを考えていることも多く、「どれだけ巧くなるか」よりも「どれだけ楽しめるか」を期待しています。

その場合、指導者もまずは「楽しさ」を伝えることに努めなければなりません。「普及」という意味においては、とても重要なカテゴリーであることは間違いありません。

二つめは、部活動や町クラブのように、現有戦力のポテンシャルを最大限に引き出し、サッカーを楽しみながらも「結果」を求めようとするカテゴリーです。子供たちのレベルにバラつきがあっても、できるかぎりの努力をして試合に勝ち、勝負の面白さを満喫しようとする。サッカーが好きで、できれば巧くなりたいと思う子供たちが集まる環境ですから、指導者も真剣に向き合い、チームを勝たせようとします。以上、この二つのカテゴリーは、スペインにも共通して存在します。

3つめは、スペインにはない日本独自のカテゴリーです。それが、実力にかかわらず「飛躍的に成長したい」「プロになりたい」と本気で思う、日本人に特有のメンタリティーをもった〝個人〟に対する指導が求められるカテゴリーです。チームとして勝つことを最大の目的とするのではなく、個の最大限の成長のためにどのようなアプローチをすればいいのか。この本で私が伝えたいのは、まさにこの3つめのカテゴリーに対する指導法の一例です。

高校サッカー界における滋賀県の名門・野洲高校は、そのわかりやすい例のひとつでしょう。「セクシーフットボール」というキャッチフレーズで華麗なパスサッカーを標榜しながら、内容に強くこだわり、そのスタイルの中で個の最大限の成長を実現しようと試みています。このような取り組みをしているチームは、スペインには存在しません。

上のレベルに行くほどチームとしての「結果」に対する考え方はシビアになり、極端に言えば「内容」や「個の成長」は二の次にされていく。前述の「必然的に成長する環境」があればこその考え方ですが、〝個〟にあまりフォーカスしないのがスペイン流の基本的なスタイルなのです。

スペインの指導法は、「第三のカテゴリー」には不十分

スペインと日本の違いや特徴についていろいろとお話ししてきましたが、ここから一気に、本題へと加速します。

私がスペインから持ち込もうとしたスペイン流の指導法は、日本の〝第三のカテゴリー〟に対する指導法として不十分なのです。なぜなら、現実主義のスペインには「飛躍的に成長したい」と真剣に願う子が存在せず、指導対象となる子供たちの性質が大きく異なるからです。

日本では、たとえプロになれなくても、たとえそのチームが強くなくても、「あの子がこんなに巧くなった」という事実も高く評価されます。

一方、スペインでは、チームとして結果を得る、あるいはチームの目標を達成することが大前提であり、目標より多くの勝点を獲得することができれば、同時に選手も「必然的に」成長しているはずと考える。「あの選手は巧くなったね」という言葉より、「このチームの完成度は上がっ

ているね」という感想のほうが先に来るのです。

だからこそ、そうした考え方をベースとするスペイン流の指導を日本に持ち込んでも、「もっとサッカーが巧くなりたい！」と強く願う〝個〟を飛躍的に成長させるには不十分と言わざるをえません。

日本には、日本の環境や子供たちの特性に合った独自の指導法が必要です。あらためてそのことに気づいた私は、スペイン流の〝いいところ〟を残しながら、「飛躍的に成長したい」と願う子供たちにとってベストな答えを見つけたいと考えるようになりました。

日本に帰国した当初の私は、自分の学生時代と変わらない日本の育成システムに違和感を覚え、スペインのようなリーグ戦文化を定着させなければならないと痛感していました。ひとつひとつの毎週末の結果を満喫しようとしない日本の環境は、「質より量」という考え方に基づいている気がして「もったいない」と感じたのです。

だからこそ、海外にならう形でリーグ戦文化が浸透しつつある昨今の流れは、育成年代の強化という意味において非常にポジティブな変化であると感じています。「負けたら終わり」のトーナメント方式ではなく、週末ごとに迎えるリーグ戦方式の拮抗した真剣勝負は、子供たちに大きな充実感を与えてくれるからです。

加えて、日本の子供たちが遠く、大きな夢をもち続けていることもポジティブな要素です。週末ごとに〝現実〟を突きつけられるような結果を示されても、「いつか香川真司選手のように……」「本田圭佑選手みたいに……」と夢を語り、毎週末の試合を終えてその夢に近づけているか、自分が巧くなっているか、それを確認しながら一歩一歩進んでいくことができれば、スペインの子供たちには見られない飛躍的な成長、つまり〝化ける〟という変化が期待できると考えています。

もちろん、サッカーに取り組んでいるすべての子供たちが、本気で「将来は日本代表に！」と思っているわけではありません。ただ楽しむことを目的としている子もいれば、逆に、何かを目的としてサッカーをやっているわけではない子もいます。「仲のいい友達がいる」というだけでも、チームに所属する十分な動機となりうるでしょう。巧くても、そうでなくても、誰もが気軽に楽しめる。それがサッカーの魅力ですから。

子供たちに対して、「サッカーは、サッカーをすることで巧くなる」というスペイン流の指導アプローチは、とてもポジティブな効果をもたらすと考えています。スペイン流は、「苦しい」「キツい」「面白くない」と感じられがちな身体的、技術的な反復練習をほとんど行いません。スペインの子供たちと同じように、サッカーを心から楽しみながら、身体的にも技術的にも順調に成長していくでしょう。

ただし、本気で「もっと巧くなりたい」「絶対にプロになりたい」「いつか日本代表になりたい」と願っている子供たちに対しては、おそらくスペイン流の指導だけでは足りません。では、いったいどんなアプローチが彼らを〝化けさせる〟ための手助けとなるか？

そのことについて深く考えた私は、トレーニングに対する考え方や方法論を大幅にアレンジしました。最初は半信半疑でしたが、それを「正しい」と確信させてくれたのが、冒頭で紹介した武井壮さんの言葉だったのです。

第2章

「テクニックはある選手」を「本当に巧い選手」にする方法

プレーの〝選択肢〟を決める要素とは？

さて、ふたたび武井壮さんの言葉をお借りして、本書のメインテーマが「自分の体を思いどおりに動かす」であることを確認しましょう。その後、それによって子供たちを「化けさせる」ための具体的な方法論について、私なりのアイデアをご紹介していきます。

13年間におよぶスペインでのコーチ修業を終えた私は、すっかりスペインサッカーの魅力にハマってしまいました。日本に帰国後は、FCバルセロナスクール福岡校での指導にあたりましたが、当然ながらそこでも、スペイン流の指導スタイルで子供たちと向き合っていました。

目指したのは、シンプルに言えば「戦術的に、賢くプレーすること」。それによって、日本の子供たちもスペインの子供たちと同じように、〝必然的に〟成長すると考えていたのです。

しかし、前章でお話ししたとおり、「化けたい」と願う日本の子供たちの願望を叶えるためには、それだけでは不十分だと気づきました。「いくら賢くプレーできるようになっても、〝選択肢〟は増えない」からです。

ここで言う「選択肢」とは、ゲーム中に実行できるプレーの「種類」を意味しています。サッカーには大きく分けて、「止める」「蹴る」という二つのプレーがありますが、どちらも細かく分類すれば、その「種類」は多岐にわたります。

たとえば、どの方向に、足のどの部分を使って、どんな強さで「止める」のか。同じように、どこに、どんな性質のボールを「蹴る」のか。直面する状況によって、インサイド、アウトサイド、インステップ、インフロント、トゥキックなどを使い分ける。それが、プレーの「選択肢」です。

話を戻しましょう。

「いくら賢くプレーできるようになっても〝選択肢〟は増えない」という言葉は、「動けなければ、感じることができない」と言い換えることができます。

少し極端な例ですが、もしみなさんが〝右側〟に動くことができなかったとしたら、対峙する相手の右側をドリブルで抜くことができますか？　もちろん、できません。

つまり、こういうことです。自分の体が制限された状態でしか動けなければ、制限された方向に動くことは、プレーの選択肢に入りません。逆に、「相手の右側をドリブルで抜く」という選択肢をもてるのは、右側に体が動くからこそと考えることができます。

サッカーは、「判断の連続」によってプレーされます。場面場面、瞬間瞬間の状況に応じた最適な判断を下し、それに対応したプレーを自分の体で表現しなければなりません。しかし、ある状況に際して「見えているもの」は同じでも、〝体が動く選手〟と〝体が動かない選手〟とでは、もてる選択肢の数がまったく異なるのです。

サッカー中継の解説などでよく耳にされると思いますが、客観的にはもっと良い選択肢があるように思われるシーンで別のプレーを選択した選手に対し、「感じていなかった」と表現することがあります。状況が的確に見えておらず、その場面に最適な選択肢を察知できなかった、というニュアンスの言葉です。

しかし私は、「見えていない、感じられないから、動けない」のではなく、「動けないから、見えない、感じられない」のではないかと考えています。

プレーヤーとしての自分自身を振り返るとき、特にそのことを痛感します。学生時代のチームメイトには、「私にはその選択肢がないな」と思える素晴らしいプレーを表現できる選手が何人もいましたが、彼らと私の違いはおそらく、戦術的な状況判断力の差ではありません。「体を思いどおりに動かせる」ことによる選択肢の数の差――そう考えると、非常にすっきりと納得できるのです。

以前は、そうした目線でプレーを分析することはありませんでしたが、武井さんの言葉と出会って、頭の中で渦巻いていた引っかかりが明瞭に言語化されたことで気づいた視点でした。目からウロコが落ちる思いとは、こういう状況を指すのでしょう。

「体の動きのキャパシティー」を拡大させる

この視点を獲得することによって、子供たちのプレーを見て感じていた「どうしてこの子は、いつも同じ選択肢の中からプレーを選択するのだろう」という疑問も一気に解消されました。自分の体を思いどおりに動かせなかったかつての私と同じように、子供たちは、それまでに習得した「体の動きのキャパシティー」が許す選択肢の中からのみ、「その状況に応じた正しい答え」を選択していたのです。

従来の私は、サッカーをより戦術的に理解しさえすれば、プレーの選択肢はおのずと増えると信じ込んでいました。現在でも、その解釈のすべてが間違っているとは思いません。しかし、体の動きに限度があれば、もてる選択肢にも限度があります。「体の動きのキャパシティー」が事実上、ゲーム中に実行できるプレーの選択肢を決めてしまうのです。

「体の動きのキャパシティー」を拡大させることなくして、子供たちの潜在能力を最大限引き出し、「化けさせる」ことなどとうていできません。反対に、「化けさせる」ためには、それまでできなかった体の動きを習得させる必要があるのです。

料理に置き換えて考えてみましょう。

もっている調理器具によって、つくれる料理は変わってきます。オーブンがなければ、グラタンをつくるという選択肢はありえません。あるいは、絵画。もっている筆の種類によって描ける絵が異なることは、容易に想像することができます。

料理も絵も、調理器具や筆によって選択肢が増減します。場合によっては、仕上がりの繊細さにも差が出ることでしょう。ここで言う「体の動きのキャパシティー」を拡大させるとは、調理器具や筆の種類が増えることとイコールです。

以前の私は、「もっている道具をいかに使いこなすか」ということばかり考えていましたが、それでは道具（すなわち、選択肢）を増やすことはできません。「化けさせる」ためには道具を増やさなければならず、そのうえで、それを賢く使う「心（＝状況判断能力）」の鍛錬が求められています。体の動きと心の充実が実現すれば、子供たちの「限界値」は大きく広げられると確信しています。

「いつもの練習」では体が無意識に楽をしている

サッカーの1シーンを切り取って、イメージを膨らませてみましょう。

ピッチの中央付近に、ボールをキープする右サイドバックからパスを受けようとするボランチがいます。彼は、〝戦術的〟にはトラップしながら反転し、左サイドに開くミッドフィルダーに展開することがベストな選択肢であると理解しています。

しかし、もし目の前にいる相手選手をワンタッチでかわすために必要な「体の動きのキャパシティー」、すなわち「体を素早く回旋させる」能力がなければ、その選択肢を実行することはできません。自分の体が動く範囲内でしか選択肢をもてない選手が、はたして〝上〟のレベルで通用するでしょうか。私にはそうは思えません。そして、この「体を素早く回旋させる」という動作を習得するために必要なのは、必ずしもパスとコントロールを繰り返す従来どおりのトレーニングではありません。

育成年代では、2人一組でパスとトラップを繰り返すトレーニングをよく行います。キックとコントロールの質を高めるためのトレーニングですが、別の見方をすれば、自分の楽な動きの中でパスとコントロールを繰り返しているとも言えます。その結果、〝体が動く範囲内〟でのプレーの選択肢は増えるでしょう。

しかし、一定の範囲内で身につけるテクニックは、ハイレベルな環境ではおそらく通用しません。どんな状況においても対応できるテクニックを身につけるためには、どんな状況にも対応しうる「体の動きのキャパシティー」を習得する必要があるのです。

イメージを明確にするために、喩え話を続けます。

まるでロボットのような動きを見せる「ロボットダンス」が上手にできる人は、ひとつひとつの関節をバラバラに動かすことを習得しています。他の関節の動きをぴたりと止めながら、たったひとつの関節だけを動かすという行為は、すべての関節を同時に動かすよりも難しい。したがって、ロボットダンスが得意な人が「しなやかに踊ってください」と言われれば、そのとおりに踊れるでしょう。

または、「鎖」をイメージしてみてください。ひとつひとつの「輪」が小さいほうが、鎖全体がムチのようによくしなります。同じ原理によって、より繊細な体の動きを習得していれば、直面する状況に応じて相手の嫌がるプレーを選択できる気がしませんか?

〝悪癖〟が身につきやすいサッカーの特質

他の競技と比較した場合のサッカーの特徴として、〝雑〟で〝曖昧〟なスポーツであるという側面があります。

時にミスキックが味方への見事なパスとなってビッグチャンスにつながり、時にゴール前の味方に合わせるつもりのクロスがそのままゴールに吸い込まれることもあります。対照的に、バスケットボールでは、シュートミスがゴールになることはほとんどありません。同じく、テニスや卓球でも、ミスが得点につながるシーンはきわめて少ないと言えるでしょう。

サッカーはよく「ミスのスポーツ」と言われます。そのことが、ゲームとしての魅力を引き上げている側面があることは間違いありません。ミスが多発するからこそ、ゲームとしての意外性が増し、予想もできないようなドラマが生まれることがあるのです。

そして、ミスを前提とするスポーツだからこそ、「巧い選手」の存在が際立ち、世界中のファンが憧れるスーパースターが誕生するのではないでしょうか。

サッカーでは、たとえば野球のように、選手に対する「精密機器のような」という褒め言葉はほとんど耳にしません。選手個々に独自の「止め方」や「蹴り方」が確立され、それが〝技術〟や〝特長〟として認められる傾向にあります。だからこそ、ある特定の能力がズバ抜けていれば、トップレベルで活躍できるのです。

サッカーには、「技術はないけれど、とにかく足が速い選手」や「フィジカルは弱いけれど、誰よりもキックが巧い選手」「体力はないけれど、ドリブルで局面を打開できる選手」など、特筆すべき〝技術〟や〝特長〟を備えた選手がたくさん存在します。そしてサッカーには、彼らが活躍できる土壌があります。

しかし、そのような技術の〝偏り〟を許容してしまうスポーツだからこそ、「身体動作としての〝癖〟が身につきやすい」と言える気がするのです。そしてその癖は、往々にして〝悪癖〟であることが多い。

私は、雑で曖昧な身体動作――すなわち悪癖――を習得してしまうことで、それがプレーにおける足かせとなっている可能性があると考えています。サッカーというスポーツは、それでも存分に満喫することができるのですが、さらに上のレベルでプレーすることを目指すなら、または現在のレベルから「化ける」ことを期待するなら、その足かせを取り除く必要があります。

「壁を上れる猫」と「側転ができる幼稚園児」の共通点

「体を思いどおりに動かす」ことについて、その可能性を物語るエピソードを紹介しましょう。

生まれたばかりの子猫を1匹だけ拾ってきて家の中で育てると、その子猫は、猫であるにもかかわらず壁を上ることができないそうです。でも、2匹拾ってきて同じように家の中で育てたら、2匹ともいとも簡単に壁を上ることができる。みなさんには、その理由がわかりますか?

壁を上れない猫が抱えている問題は、猫自身の身体能力の低さではありません。つまり、この猫は、たった1匹で育ったことで猫としての野性的な生活習慣から離れてしまい、本来もっているはずの身体能力(選択肢)を発揮できなくなってしまったのです。

しかし、たとえ家の中で暮らしていても、追いかけっこやじゃれ合いをするもう1匹の猫がいれば――すなわち、猫本来の動物的な動きをする習慣さえあれば――、猫は猫らしく、軽快な動きで壁を上ることができる。人間社会の生活環境が悪影響を及ぼしているのではなく、その環境の中でどのような刺激を受けて生活しているかということが、可能性を開花させられるかどうかの分かれ道になっているのです。

もちろん、人間も同じです。

突然ですが、みなさんは上手に「側転」をすることができますか？

子供たちにやらせてみると、自分では「できた！」と満足気な表情を見せる子の側転が、客観的に見れば大きく傾き、とても「上手にできたね」とは言えないケースがよくあります。しかし、大人がサポートしながら「この感覚で足が上がらないとキレイな側転にはならない」と伝えると、その子の側転はすぐに改善されます。回転の瞬間に、自分の肩にどのような重さがかかっているのか、どれほどの意識で足をまっすぐに伸ばさなければならないのかを覚え、あっという間にキレイな側転を習得してしまいます。

特に近年は、幼少期から子供の運動キャパシティーを最大限に引き出そうとする指導者が注目されています。福岡在籍時に私の長男・快晴が通っていたくすの木幼稚園では、すべての園児がキレイに側転をしますし、さらには逆立ちだってできてしまいます。一般的には驚くべき光景なのですが、園長先生に言わせれば「当然のこと」。習慣的に、動物としての人間の感覚を刺激し続ければ、それくらい簡単にできるというのです。「体を思いどおりに動かす」という観点から、私は園長先生の考え方に強く共感しています。

実は、サッカーにおいても、「側転がキレイにできる」能力は非常に大切です。ただし、単に「側転ができる」ことが重要なのではなく、それができることによって動きのキャパシティーが広がる側面が期待できることを重視しているのです。

私たちは、自分たちが思っている以上に、動きが制限された日常生活を送っています。サッカーで飛躍的な成長を期待するのであれば、「誰でも側転がキレイにできる」という本質的な人間のキャパシティーを使わない手はありません。だから私は、動きのキャパシティー、体のキャパシティーにこだわるのです。

ギリギリで判断を変える「心のゆとり」

「自分の体を思いどおりに動かす」ことに加えて、もうひとつ、とても大切なことがあります。先ほどと同じサッカーの1シーンから、もう一度イメージを膨らませてください。

ピッチの中央で右サイドバックからパスを受けようとしているボランチの選手は、プレーの展開としてはトラップでターンをして、左サイドを駆け上がるミッドフィルダーにパスを出すことが「最適な選択」であることを理解しています。その際、トラップする瞬間にボール奪取を狙う相手選手に気づいて別の選択肢に切り替えれば、相手にボールを奪われてしまうことはありません。しかし、もし彼に「ギリギリで判断を変える」習慣がなければ、たとえ体を寄せてくる相手の存在に気づいていても、別の選択肢に切り替えることはできないかもしれません。

世界のトップレベルで活躍するようなレベルの高い選手は、つねにギリギリのタイミングで選択肢を切り替えることができます。

キックモーションの途中でインターセプトを狙う相手に気づけば、振り下ろす足の角度を調整して近くの味方に短いパスを預けることができる。相手の左側を抜こうとして踏み込んだ瞬間に相手の重心がそちらに傾けば、うまく重心を移動してアウトサイドを使ってくるりと反転して逆側にボールを動かすことができる。ヘディングでパスをつなごうとして上体を反らした瞬間に相手が動けば、一歩後ろに下がって胸でトラップすることもできます。

刻々と変化する状況に応じて判断を変え、柔軟に選択肢を切り替えてプレーするということは、いわば〝後出しジャンケン〟によって相手との駆け引きに勝つことができるということです。この「ギリギリで判断を変える」習慣は、選手自身の〝心〟によってもたらされています。

世界屈指と称される選手たちのプレーを見れば、トップレベルの戦いにおけるハイレベルなプレーが心と体の充実によってもたらされていることがよくわかります。

たとえば、バルセロナのリオネル・メッシは相手ゴールキーパーの重心がどちらに傾くかを感じてシュートコースを蹴り分け、ネイマールはいとも簡単にドリブルで相手を抜き去ります。同様に、アンドレス・イニエスタは変幻自在にボールをコントロールし、ハイレベルな〝後出しジャンケン〟によって相手の想像を超えるプレーを見せてくれます。

彼らには、どんなプレーをも表現しうる「体の動きのキャパシティー」と、それを可能にする「心のゆとり」が備わっています。だからこそ、一瞬の駆け引きの中でもつねにベストな選択ができるのではないでしょうか。

〝駆け引き〟を芽生えさせる実験

我が家には3人の子供がいます。長男の快晴は7歳。私は彼を〝実験台〟として、日頃からさまざまなアプローチを試しています。

たとえば、家の中でペナルティーキック（PK）の勝負を行ったとき、彼は自分のシュートがいつも父親に止められてしまうことをふしぎに感じていました。そこで私は、「蹴る直前に蹴る方向をチラっと見ているからバレバレなんだよ」とタネ明かしをしました。すると、息子は蹴りたい方向を見ないようにしてくるではないですか。

ところが今度は、視線とは逆の方向に蹴ることがバレバレで、私はまた、あっさりと彼のシュートを止めてしまいます。「ずるい！」と言いながら困惑する彼に対し、私は言いました。

「バレないようにやらなきゃ意味がないよ！」

すると彼の頭の中に〝駆け引き〟が芽生え、顔の向きやキックの種類を工夫しながら、いろいろなシュートを蹴ろうとします。いつの間にか、思い切り蹴るインステップキックだけでなく、インサイドキックやアウトサイドキックを使ってゴールキーパーである私をダマそうとしはじめるのです。つまり、相手との駆け引きの中でプレーの幅を広げていくわけです。

もし私が、「狙ったところに正確に蹴るためには、インサイドキックじゃなきゃダメだ」と言い続けていたら、彼はインサイドキックだけを蹴り続け、他の蹴り方や駆け引きを覚えようとはしないでしょう。「相手の逆を突く」という考え方がなければ、可能性を広げるのは難しい。だから私は、駆け引きの中で「ギリギリで判断を変える」ことを、あの手この手を尽くしながら彼に伝えています。

選手としてのレベル＝「賢さ＋プレーキャパシティー」

育成年代の指導者として、現在の私が目指しているのは、ギリギリで判断を変えることのできる心のゆとりをもち、「体を思いどおりに動かせる」ことによっていくつもの選択肢をもつ選手を育てることです。この二つを兼ね備えている選手は、ハイレベルな環境で「化ける」可能性を秘めている。「体を思いどおりに動かせる」ことは、そのまま未来の伸びしろとなります。そのための下地をつくることが、指導者として重要だと考えています。

これまでの私は、「サッカーは、サッカーをすることで巧くなる」というスペイン流の指導に則って、トレーニングとしての「リフティング」や「コーンを並べてのジグザグドリブル」には効果がないと否定的にとらえてきました。

それらの反復練習は、ある特定のテクニックを習得するために、まるで受験に備えていくつもの英単語を暗記するように行われます。何度も繰り返し、体に刷り込むようにして覚えさせることが目的ですが、実際の試合で求められるテクニックは無数に存在します。そのすべてをこのような方法で習得しようとすれば、文字どおり無数の反復練習を行わなければなりません。つまり、膨大な時間を必要とすることになります。

また、反復練習には相手との駆け引きが存在しませんが、駆け引きが要求されない局面はサッカーのゲーム中にはありません。つまり反復練習は、「サッカーは、サッカーをすることで巧くなる」という指導理念と真っ向から対立するトレーニング方法だったのです。

しかし本書では、リフティングやコーンドリブルなどを採り入れたトレーニングメニューを、むしろ積極的に紹介します。言動が相矛盾しているように思われるでしょうか？

そうではありません。リフティングやコーンドリブルに期待する効果、それらのトレーニングから得られる成果が異なるのです。

たとえば、アウトサイドだけを使ったリフティングのトレーニングが登場しますが、その目的は「アウトサイドでのリフティングが上達すること」ではありません。このトレーニングの結果、それまではできなかった股関節の動きや腰の回旋ができるようになり、「体の動きのキャパシティー」が広がるのです。

それは、とりもなおさず「自分の体を思いどおりに動かす」ことにつながり、ひいてはあらゆるテクニックを臨機応変に繰り出すための〝選択肢〟を増やすことになります。そのような選手は、さまざまなテクニックを状況に応じて繰り出すことができるでしょう。

指導現場で子供たちを見ていると、そのことに確信をもつ場面がたくさんあります。足首が柔軟に動く子はインサイドでトラップするか、あるいはアウトサイドでトラップするかの判断をギリギリのタイミングで変えることができる。そのどちらでも、直面する状況に応じてうまくアジャストさせることができるのです。

自分の体を思いどおりに動かせる彼は、相手との駆け引きがあるサッカーの中でプレーの幅を確実に広げていきます。つまり、「サッカーは、サッカーをすることで巧くなる」というスペイン流の考え方を自然と体現しているのです。

しかし、足首の動きが硬い子、すなわち体を思いどおりに動かせない子は、膨大な反復練習によってインサイドでのトラップとアウトサイドでのトラップをそれぞれ個別に覚えなければなりません。そのような体得の仕方では、もしかしたら状況に応じて足の爪先でトラップするという選択肢をもつことはできないかもしれません。つまり、臨機応変にテクニックを繰り出す土台がない選手ということになるのです。

もちろん、すべてのプレーの〝土台〟として体の動きのキャパシティーを広げるためには、ある程度の時間を要します。しかし、個々の技術を反復練習で身につけるやり方と比較した場合に、「化ける」可能性は一気に広がるでしょう。磨くべきは、テクニックではなく「体の動き」なのです。

〝今の自分〟を冷静に把握して、できる範囲内で最良のプレーを目指すことも大切です。しかし、本書でお伝えしたいのは、将来的に「化ける」ための伸びしろをつくる方法です。体の動きのキャパシティーを拡大し、人間として可能な動作を限界まで体現できる土台を築き、駆け引きを楽しむ心のゆとりをもつことで、それが可能になります。それができて初めて、ハイレベルな戦術的判断を伴うプレーの選択が活きてくるのです。

特定のテクニックを取り出して個別に上達させるのではなく、あらゆるテクニックを状況判断に応じて使えるようにする――。すでに何度も繰り返していますが、それが、指導者としての今の私が目指すところであり、みなさんにお伝えしたいことのすべてです。

取り除くべき悪い習慣（ボールを保持しているとき）

ここからは、私たちの日常生活や〝曖昧なサッカー〟によって身についてしまうサッカーをプレーするうえでの「悪しき習慣」について具体例を挙げながら紹介していきます。いずれも、「取り除くべき悪い習慣」です。

まずは、「ボールを保持しているときの悪い習慣、悪癖」から見ていきましょう。どれもみな、「体を思いどおりに動かす」という観点からは、妨げになってしまう可能性をはらんだものばかりです。

ふだんあまり意識することはありませんが、実は、現代の日常生活の中で身につく動作習慣の多くは、スポーツでハイパフォーマンスを出すためにはネガティブに作用することが多いと考えています。プレーヤーとしてのみなさんや、サッカーを楽しみ、将来的に「化けたい」と願うお子さんたちにあてはまるものはありませんか？　ぜひ確認してみてください。

☑足下のボールを見ながらプレーする

ドリブルをしているとき、あるいは、トラップやパスをする瞬間に、どうしても足下のボールに気をとられてしまう子は少なくありません。

状況を的確に把握し、正しい判断を下すためには「視野の確保」が不可欠です。ワンランク上の選手を目指すなら、下を見ながらプレーするのは改善すべきポイントのひとつと言えるでしょう。

背筋の伸びた良い姿勢でプレーする選手は、「まわりがよく見えている」ことで状況判断の能力が高い傾向にあるのは間違いありません。指導現場では「まわりをよく見ろ」と声をかけることがありますが、姿勢の悪い子の「まわりを見る」と、姿勢の良い子の「まわりを見る」とでは、視野の広さに大きな違いがあります。

むしろ、良い姿勢さえ習得してしまえば、コーチに「まわりを見ろ」と言われなくても自然と広い視野を確保できます。

姿勢が悪く、つねに足下のボールに目を落としながらプレーしてしまう子は、どれだけ練習を重ねても、〝ズレた積み木の上乗せ〟となってしまう可能性があります。しかし、日頃から良い姿勢を保つことに強い意識が働いている子は自然と頭が上がり、「まわりを見ろ」と言われなくとも〝結果的に見えている〟状態をつくることができます。そのほうが、状況判断において有利であることは間違いありません。同時に、体の構造上からも、良い姿勢を保つことができれば、疲れにくく、ケガもしにくいという副産物を得ることもできます。

良い姿勢で、つねに顔を上げた状態でプレーすることができる選手は、体全体の動きが安定していて〝力感〟がなく、背筋を伸ばして〝ススス〟と動きながら、視野の広さを活かしてギリギリで判断を変えることができる。加えて、疲れにくく、ケガをしにくい。その典型例が、FCバルセロナのアンドレス・イニエスタです。

みなさんのお子さんがどのような姿勢でプレーしているか、あらためて注目してみてください。

☑両足が使えない（二の足が出てこない）
☑パス&ゴーの際に、出足がワンテンポ遅れてしまう

世界を代表するトッププレーヤーの中には、ほとんど〝利き足〟しか使わない選手がいます。

1970〜90年代に活躍したアルゼンチンのディエゴ・マラドーナや、現在「世界最高の選手」と称えられる同じくアルゼンチンのリオネル・メッシは、ボールタッチのほとんどを利き足である左足で行います。日本人選手では、ともにかつて日本代表の背番号10を背負った名波浩さんや中村俊輔選手も、ほとんどのプレーを左足で行います。

ちなみに私も、利き足である左足ばかり使う選手だったのですが、スペインでは、片方の足しか使えない選手に対して、皮肉を込めてこう言います。

「お前の逆足は、バスに乗るためだけにあるのか？」

左利きの名手ばかり挙げましたが、もちろん右利きの選手にも、右足ばかり使う選手がいます。代表例は、元イングランド代表のデイビッド・ベッカムです。

利き足にこだわる名選手が多数いるとはいえ、サッカーではよく、どちらの足でも正確にボールを扱えるほうが好ましいと言われます。私もそう考えています。

数多くボールに触れるためには、体の構造上、左右の足を交互に使うのが効率的です。右、左、右、左……と、歩くように両足で代わる代わるボールをタッチすることができれば、どの瞬間に相手がボールを奪いに来ても、それに対応するための最適なタイミングを失うことはありません。

左足でボールを触った後に自然と右足を出すことができれば、たとえ右足でボールをタッチしなくても相手に奪われる危険性のある〝タイミング〟はそれ以上に増えることはありません。右足でトラップしたらすぐに左足を出せるか。実際に使うかどうかではなく、「出せるかどうか」が重要なのです。どちらかの足に偏ってしまったのでは、プレーにおける効率を最大化させることはできません。

トラップもパスもともに右足。周囲に相手選手のいないフリーの場面ならそれでかまいません。それでも、たとえばトラップがズレて次のタッチを左足で行わなければならない場合に、自然にスッと左足を出せるかどうかが重要です。

両足をいつでも動かせる。交互に出せる。こういう状態であれば、重心は必然的に「どちらにでも動かせる」ニュートラルなポジションにセットされ、前後左右への力みのない自然な動きが可能になります。バルセロナで活躍するアンドレス・イニエスタやネイマールは、まさにその代表例。一瞬で変わる状況に応じて、彼らはまるで体が勝手に反応するように両足を自在に使いこなし、目の前の相手をかわしていきます。

同様のことは、守備の局面にもあてはまります。重心を下げすぎず、どちらかの足に偏って乗せすぎない「ニュートラルな状態」をつくることができれば、相手が左右どちらの方向にかわそうとしてもスッと足を出せる。両足を使える、あるいは〝二の足〟をナチュラルに出せる選手は、それだけで大きな武器をもっていると言えるのです。

- ☑ トラップする前にトラップする場所を決めつけてしまう
- ☑ キックモーションに入った後に判断や動きを変えられない
- ☑ 相手選手の「最後の動き」や「重心移動」を見ずにプレーしてしまう

☑ドリブルで抜く際、〝後出しジャンケン〟的にプレーできない

指導現場ではよく、トラップする際に「次のプレーを意識して！」という声がかかります。私自身もそのように指導されてきましたし、指導者となった今も同じような言葉を子供たちにかけることがあります。ただし、その言葉が「次のプレー」を決めつけるような指示になってしまうなら、それは刻一刻と状況が変化するサッカーにおいてナンセンスと言えるかもしれません。「次のプレー」を意識しながらトラップすることは、きわめて重要です。しかし、より大切なのは、「イメージしていた次のプレーを止める／変更する」という選択肢が、そこに含まれていること。

自分に向かってくるパスがイレギュラーで弾んだら、目の前にいる相手に「次のプレー」を読まれていたら、あるいは、パスを出そうと思っていた味方の選手が何らかの理由でパスを受けられない状態になったら……、サッカーでは、事前にイメージしていた「次のプレー」を瞬時に変えられる柔軟性が求められる場面がたくさんあります。「イメージしていた次のプレーを変更する」ことができるかどうかは、もう一段上のレベルで通用する選手になれるか否かを左右します。

指導者としては、つい「次のプレーを意識しながらトラップしろ」と言ってしまいがちです（私自身も深く反省するところです）。しかし、その言葉が、「次のプレー」を決めつけるもので

あってはなりません。

サッカーは1秒にも満たない時間で、状況が大きく変わります。たとえば、選手が密集するペナルティーエリア内でのプレーなら、さらに迅速な状況判断と柔軟な対応が求められるでしょう。

「質が高い」と言えるのは、「次のプレー」を正確に実行できるテクニックではなく、状況によって判断を変え、それを体現できる柔軟性であると私は思います。「次のプレー」をイメージどおりに実行する技術は、場合によっては、「一度イメージしたプレーしか実行できない」という悪しき習慣として根づいてしまう可能性があることを認識しておきましょう。

キックモーションに入ってから〝状況の変化〟を察知し、事前にイメージしていた「インステップキックでロングパスを送る」という判断を「インサイドキックでショートパスを出す」に変える。または、振りあげた蹴り足の勢いを殺して、もう一度コントロールし直して次のプレーを考え直す。そのようなプレーができる選手は、サッカーにおいてきわめて重要な「相手との駆け引き」を優位に進めることができます。

①顔を上げたままキックモーションに入る。②自分がパスを出そうと思っていた味方の選手に気づいて、相手がマークしようとする。③こんどはこちらがその動きを察知して、ドリブルに変更する。④ドリブルで右に抜こうと思っていた相手が、それに対応しようと重心を移動したこと

に気づく。⑤その瞬間に左に抜く選択肢に切り替える。

トラップもパスも、ドリブルもシュートも、〝後出しジャンケン〟ができれば、相手との駆け引きに勝利できる可能性は飛躍的に高まります。

☑余計な力を入れてプレーしてしまう
☑(重心移動ではなく) 体重移動の動きをしてしまう

余計な力、つまり特定のどこかに力が入りすぎてしまうと、体の構造上、その次に動かせる筋肉が限られてしまいます。

「二の足が出ない」こととも共通しますが、たとえば「ボールを前に押し出す」コントロールを行う際に右足に力が入りすぎてしまうと、スムーズな動きで連続して左足を出すことができません。理想的には、ひとつの動きに使う筋肉を最小限に抑え、「次、次、次」と連動して体を動かせるようになりたいところです。

イニエスタやネイマールはよく、左右両足で瞬時に連続してボールに触る「ダブルタッチ」を駆使して相手をかわします。この動きも、最初のタッチに「力み」がないからこそ、スムーズな連動でもう一方の足でイメージどおりのコントロールができるわけです。

スムーズに連動した動きを可能にするために必要なのが、自身の体の〝重み〟を感じて、重力をうまく利用することです。傾けた体の重みを利用して動くことで、筋収縮を最小限に抑えた状態で移動する。それができれば、よりスムーズで連動性のある動きを実現することができます（詳しくは第4章参照）。

キックの種類によってモーションが違ってしまう

野球の世界では、良いピッチャーに対して「どの球を投げるときもフォームが同じだから球種が読めない」という褒め言葉があります。

サッカーも同じです。足の甲を使うインステップキックでも、親指の付け根あたりで引っかけるように蹴るインフロントキックでも、足の内側に当てるインサイドキックでも、蹴る直前のキックモーションが同じ選手の球種を読むことは容易ではありません。「次のプレー」を予測して対応しようと試みる相手にしてみれば、実にやっかいな選手ということになります。

反対に、キックの種類によってそれぞれモーションが異なる場合には、相手にとってこれほど対応しやすい選手はいません。そのような選手になってしまう原因は、インサイドキックはこう蹴る、インステップキックはこう蹴るという〝マニュアル〟を忠実に覚えてしまったことにあるかもしれません。指導者の「キレイに蹴ってほしい」という願望が、子供たちにとっては悪しき習慣として根づいている可能性があるのです。

南米やアフリカではいまでも、多くの子供たちが〝ストリート〟でサッカーを学んでいます。もちろん彼らは、誰かから〝キックのマニュアル〟を教わることはありません。障害物の多い街中でサッカーをプレーし続ける中でさまざまな蹴り方を自然に覚え、相手との駆け引きの中で最適なキックを選択しようとする意識が、知らず知らずのうちに育まれていくのです。やはりバルセロナで活躍するウルグアイ代表のルイス・スアレスからは、そのような資質を如実に感じることができます。

私の長男は、「右足で蹴る際に右腕を回す」という実にバランスの悪い癖をもっていました。体のバランスをとるなら、どう考えても「左腕を回す」のが正解です。「そうじゃない！」と彼に伝えて、正しい体の動きを教えるかどうか……、私は悩みました。

結論としては、我慢して見守ることにしました。やがて時間の経過とともにその悪癖は少しずつ改善されていき、サッカーをプレーする中でキックモーションを駆け引きに利用するようになりました。

さまざまなキックの種類とそれらの正しい蹴り方を教えるのは、指導者にとっての〝第一歩〟かもしれません。しかし、〝教え込む〟ことによって子供たちがかえって悪癖を身につけてしまう可能性があることも、心のどこかに留めておく必要があります。

おへそと同じ方向に目線を向けてプレーする

これもまた、キックにおける悪しき習慣と共通した要素をもっています。「おへそと同じ方向に目線を向けてプレーする」とは、視線を送っている方向と体の向きがつねに同じで、しかもその方向にキックしてしまうということ。イメージした「次のプレー」が、まるでテレビ画面に映るテロップのように、明瞭なメッセージとして相手に伝わっている状態を意味しています。つまり、相手をダマそうとする〝駆け引き〟が存在しないプレーの代表格なのです。

私は子供たちに、次のようなトレーニングを課すことがあります。ミニゲーム形式の中で、どんなキックであろうと味方にパスを出して、それが通ったらオーケー。相手に最も察知されやすい、おへそが向いている方向にインサイドキックでパスを出しても、通りさえすればオーケーだが、もしインターセプトされたら罰ゲーム——たった二つのルールだけで、子供たちの動きは良い意味で「ヘンテコ」になります。

わざとらしいノールックパスにチャレンジしてみたり、いつもはほとんど使わないアウトサイドキックやヒールキックを繰り出してみたり、いずれにしても「選択肢はインサイドキックだけじゃない」「相手にバレないようなキックを選択する」ということを自然に学んでいきます。わずかな刺激を与えるだけで、子供たちの〝駆け引き〟に対する意識は大きく変わりえます。

日本人は真面目なので、学んだこと、覚えたことを素直に表現しがちです。しかし、サッカーにはつねに駆け引きがあり、駆け引きを制することで初めて相手との勝負に勝つことができます。学んだことを、いかにして相手との駆け引きに利用するか。もし、インサイドキックを繰り出す子供の目線とおへそが同じ方向を向いていたら、その動きに〝駆け引き〟が内在しているかどうかをチェックしてみてください。

☑アウトサイドでボールを蹴ることができない

「次のプレーをイメージして！」と同様に、「丁寧に！」という言葉もまた、指導現場でよく耳にします。しかし、何をもって「丁寧」と言うかを固めすぎてしまうと、子供たちのプレーの幅を制限してしまうことにつながりかねません。

たとえば、「丁寧さ」を象徴するプレーとしてインサイドキックがあります。ボールに対して当てる足の面積が広く、足の内側を使うことでコントロールもしやすい「正確なキック」の代表例がインサイドキックです。それこそ「丁寧につなぐ」局面などで多用されるこのキックは、指導する側からしても、安心感のあるプレーに見えるのです。

対照的に、ボールに触れる面積が狭いアウトサイドキックは、インサイドキックと比較して「雑なプレー」と解釈されることが多い。しかし、もしその瞬間にアウトサイドキックを使うことで相手の逆を突けるのなら、「雑なプレー」と断言することはできません。駆け引きに勝つための選択であれば、むしろアウトサイドキックのほうが「丁寧」である可能性が高いのです。「丁寧＝インサイドキック」という指導は、子供たちのプレーの選択の幅を狭め、アウトサイドキックを繰り出すための体の動きを習得できなくしてしまうかもしれません。「丁寧に！」という指導がサッカーにおいて大切であることに間違いはありませんが、唯一の正解は、「その状況に応じた〝丁寧なプレー〟を選択できる柔軟性」をもって駆け引きに挑むことである――私はそう確信しています。

☑股関節が硬く、くるりと反転できない
☑ボールをもった状態で〝後ずさり〟できない

この二つの項目は、指導現場でよく見る「前方向」にしか体を動かせない子供たちのことを指しています。

「反転（ターン）」も「後ずさり」も、自分の背後にあるスペースを有効に使うための動きです。反転は「視界にないスペースを使う技術」、後ずさりは「スペースを広げる技術」と表現でき、前者は元スペイン代表のチャビ・エルナンデス、後者は元アルゼンチン代表のファン・ロマン・リケルメが得意とする選手の代表例でしょう。

「巧い！」と思わず膝を打つような選手は、これらの動きを上手に使いこなします。日常生活において、反転や後ずさりをする場面は決して多くありません。したがって、これらのプレーに使う筋肉や関節の動きは、日常生活でのそれと大きく異なります。だからこそ、トレーニングによってそうした動きをスムーズに繰り出せるような体をつくらなければなりません。

反転して後方のスペースを使うプレー、後ずさりしてスペースを広げるプレーは、相手との駆け引きに用いる〝武器〟としてきわめて効果的です。これらを選択肢のひとつとしてもつことで、プレーの幅は大きく広がるでしょう。

「ボールを引いて後退するかもしれない」という雰囲気を感じさせることができれば、間合いを詰めようとしている相手に対応の変更を迫ることができるかもしれません。自分の背後にあるスペースを有効に使うことができれば、ボールをもっている選手のほうが、駆け引きにおいて優位な状況をつくれるのです。

体が動けば、プレーキャパシティー（プレーの選択肢）も増える

ここまでお話ししてきた「取り除くべき悪しき習慣」が、相手との駆け引きを前提とするサッカーにおいて、プレーの幅を狭める要因になってしまうことがおわかりいただけたと思います。

そのような〝悪癖〟が身についてしまう主な原因は二つ。①日常生活における動きの習慣と、②一見常識的に思える、画一的な指導法です。だからこそ、意識的なトレーニングによってそれらを取り払い、現状よりもっと自由に〝体〟を動かすことができれば、プレーの選択肢は必然的に広がっていきます。

サッカーには、刻々と局面が移り変わる各瞬間に駆け引きがあり、一瞬の状況変化に対応できる柔軟性を備えていなければ、一流の選手になることはできません。ここでいう柔軟性とは、その局面に最も適した「丁寧かつ正確なプレー」を選択できることであり、その選択肢を実現するには、さまざまなプレーを可能にする自在な身体動作を行える必要があります。本書の大きなテーマである「体を思いどおりに動かす」ことの重要性が、ここで活きてくるのです。

その瞬間にどのようなプレーを選択するかの「正解」は、味方や相手の動き、天候、風、芝生の状況やボールの弾み具合などによって大きく左右されます。キックモーションに入ってから実際にボールを蹴るまでの0・5秒間に「俺はあっちに蹴ろうと思っているけど、お前はどうする？」という相手選手との駆け引きを楽しめたら、サッカーはどんどん面白くなり、プレーの選択肢も増えていくはずです。

たとえば、4対1（一人が〝鬼〟役）で行うパス回しのトレーニングがあります。パスを回す4人は1タッチで蹴らなければならず、スペースは「制限なし」というルールを設けたとしましょう。蹴ろうとした瞬間に、ボール奪取を狙う鬼役にパスコースを読まれたと感じたら、後ずさりしてパスの方向を変える——このようにして相手の逆を突こうとするプレーを習慣化させることができれば、「次のプレーをイメージして!」というコーチの指示は不要かもしれません。

ただし、実際にこのトレーニングを行う子供たちのプレーを見ていると、その瞬間に柔軟にプレーの選択を変えられる選手は決して多くありません。その理由は、「相手と駆け引きをする」というメンタリティーが根づいていないこと、そして、体の動きとして「動作を途中で変える」ことができないことにあります。

相手が「次」を読んでいるにもかかわらず、体が向いている方向に素直にパスを出してボールを奪われてしまう子がいます。そのようなプレーをした子に「あっちのパスコースは見えていなかった?」と訊ねると、ほとんどの場合「見えていた」という答えが返ってきます。見えていたけど、途中でプレーを変えられなかった、と。であればなおさら、もうひとつの選択肢を実行する心のゆとりと、それを体現する体の動きを習得する必要があると思うのです。

目は〝状況察知〟のためだけに使う

その両方を習得できれば、今度は〝目〟を解放することができます。プレーのためにいつもボールばかり見ているのではなく、周囲を観察して情報を収集する〝状況察知〟のために視覚をフル活用できるようになるのです。理想的なのは、バスケットボール選手がバスケットボールを扱うように、サッカーボールを扱うことです。

バスケットボールの選手が手でボールを扱うとき、ほとんどの場合、その視線はボールに向いていません。彼らはボールの位置を手の感覚と間接視野で「認知」しながら、視線は目の前にいる相手やパスを受けようとする味方、あるいはゴールへと向けられています。

足に比べてずっとボールを扱いやすい手を使えることが、そのような「認知」を可能にしているのは間違いありませんが、そうした目の使い方は、サッカーにとっても理想的です。〝視線〟を相手との駆け引きに使うことができたら、相手の〝最後の一歩〟が見えるようになり、より容易に相手の逆を突くことができるようになる。そうなれば、プレーの幅はぐんと広がります。

イニエスタやネイマールは、間接視野でボールの位置を「認知」する技術に長《た》けています。彼らの目は周囲の状況を把握することに使われています。時には派手なフェイントも繰り出しますが、対峙する相手をかわす際にひんぱんに使ってみせるのは、相手の逆を突く動きでボールを運ぶドリブルです。駆け引きによって相手に先に足を出させ、〝後出しジャンケン〟でその反対にボールを動かしてスイスイとかわしてしまいます。

言葉で説明するのは難しいのですが、彼らの「スイスイ」と進むドリブルの雰囲気は、決して

「スピード任せのスイスイ」ではありません。卓越した「状況察知」力によってつねに相手選手の逆を突き、その瞬間にボールを動かせる技術によってかわす動作そのものがきわめてスムーズに見える「スイスイ」なのです。

「ボールの動きに体を合わせる」ではなく、「体の動きにボールを合わせる」

巧い選手を賞賛する言葉として、サッカーではよく「ボールが足に吸いついているような」という表現を用います。

球足の速い強烈なパスをピタリと止める。大きなキックモーションをつくらなくても遠くまで蹴れる。まるでボールがなくふつうに走っているかのようにドリブルをする――。トップレベルの選手のそうしたプレーを見ると、確かに、まるでボールが足に吸いついているかのように見えることがあります。

これらの動きも、「自分の体を思いどおりに動かす」ことで実現していることは間違いありません。キックフェイントで切り返したら、自分の体の動きのキャパシティーの範囲内で「次に足を出せる位置」はおのずと決まってきます。

だから、切り返したボールに次の足を合わせるのではなく、足が出る位置にボールを置く。体の動きにボールを合わせることができれば、その選手の最大値をつねに、スムーズな流れの中で引き出すことが可能になります。

リフティングも同じです。ボールが落ちてくる位置に足を合わせるのではなく、足が動く位置にボールを合わせる。そのためには、体の動きのキャパシティーを高め、それを自ら正確に把握することが求められます。そうした観点から見ると、いわゆる「トッププレーヤー」とは、「体の動きにボールを合わせる」術《すべ》に長けている選手ととらえ直すことができます。

だからこそ、私は思うのです。

インサイドキックやインステップキック、シザーズフェイントやキックフェイントといった細かなテクニックを個々に習得するために反復練習をこなすよりも、まずは「自分の体を思いどおりに動かす」ためのトレーニングをしなければならないのだ、と。体を自在に操ることができれば、ボールは必ず〝後〟からついてきます。

次章以降ではいよいよ、「自分の体を思いどおりに動かす」を実現するための具体的なトレーニングを紹介していきます。

第3章

リフティングを「再定義」する

体を自在に操るための最高のトレーニング

本書は「自分の体を思いどおりに動かす」をメインテーマとしていますが、指導者は、「子供たちはサッカーが好きだから集まっている」ということを忘れてはいけません。私自身も、サッカーに対する思いは子供たちと同じ。だからこそ、「体を思いどおりに動かす」ためとはいえ、なるべくボールに触れるトレーニングであることを心掛けています。

そういう意味では、スペインでの経験を通じて培ってきた私自身のサッカー観はまったく変わっていません。まず何より、プレーヤーとしてはボールに触れるのが好き。そのうえで、レベルの高いテクニックを身につけたい。指導者としては昔も今も、「スペインらしいサッカー」を志向し、スペイン人のトッププレーヤーのような選手を育てたいと考えています。

決して体の大きくない自分がここまでサッカーを楽しめているのは、テクニカルで戦術的、技術や賢さを前面に押し出すサッカーが好きだからであるとあらためて実感しています。だからこそ、スペインの指導現場で学んだ「サッカーは、サッカーをすることで巧くなる」という考え方に傾倒してきました。

しかし、今回ご紹介するトレーニングの大部分は、かつての私が指導者として最も大事にしてきた「サッカーにおいて最も重要な駆け引きや状況判断」を伴いません。過去に出版した著書をお読みくださった方や私のトレーニングを見学してくださった経験をお持ちの方はよくご存じのとおり、単調に反復するだけのリフティングやコーンを並べてのドリブル練習に対して、私は「駆け引きや状況判断が伴わない」ことを理由に、一貫して拒否してきました。実際の試合で使えないスキルには何の意味もない。そう考えていたのです。

しかし、たとえチームスポーツとしてのゲーム性、つまり相手との駆け引きや状況判断を伴わないトレーニングでも、サッカーが巧くなるために効果を発揮するトレーニングがある——最近になってようやく、そのことに気づきました。その代表例が、皮肉にもこれまで最も忌み嫌ってきたリフティングやコーンを並べたドリブルの反復練習なのです。

「体を思いどおりに動かすためのトレーニング」というとらえ方をすることで、リフティングも、コーンを並べるドリブルの反復練習も、その意味や効果がまったく違ったものに変化します。「ボールを自在に操る」というテクニックの向上を期待しながら、同時に、人間が本来備えている動物的で合理的な体の動きを習得することも期待できる。考え方次第で、反復練習は子供たちを「化けさせる」ための非常に有効なトレーニングになりうるのです。

そうした背景、つまりトレーニングに対する考え方の変化から、私はいつしか、自らが課すトレーニングの中にリフティングやドリブルの反復練習を加えるようになりました。

もちろん、「体を思いどおりに動かす」要素が伴わないリフティングには今もまったく興味がありません。また、子供たちがすぐに飽きてしまうような、「巧くなりたい」という向上心をくすぐらないようなトレーニングも極力避けるようにしています。

たとえば、ストレッチやヨガを行うことによって、体の可動域は確かに広がるでしょう。しかし、サッカーが好きで集まっている子供たちにとって、それは決して「面白いトレーニング」とはなりません。いくら「体を思いどおりに動かすためのトレーニングだよ」と伝えても、子供たちにはその本質的な意味がなかなか伝わらず、「つまらないトレーニング」と理解されてしまうでしょう。

しかし、ボールコントロールが上達するリフティングに、ひそかに「体を自由自在に操る効果」を付け加えることができたら、それ以上に効果的なトレーニングはありません。つまり、リフティングは、子供たちをいい意味でダマしながら、ボールテクニックを磨き、同時に体を思いどおりに動かせるようになるための最適なトレーニングなのです。

理想の体は「Be Water」

繰り返しますが、これから紹介するリフティングのトレーニングは、〝建前〟としては「テクニックを磨くトレーニング」でありながら、〝本音〟では「体を思いどおりに動かす」ことを目指しています。何十回、何百回も続けられるリフティングのテクニックは、実際の試合では「まったく」と言っていいほど必要ありません。

だから、リフティングに〝特定の動きや意識〟を加えることによって、「体を思いどおりに動かす」ための土台づくりへと「再定義」しようというのがここでの試みです。新たな動きやプレーにつながり、局面局面での選択肢が増え、〝選手としてのキャパシティー〟が広がる——。そのような効果を生み出す学習プロセスへと、リフティングを生まれ変わらせるのです。

ちなみにスペインでは、リフティングに対する意識が日本と比べて「とてつもなく低い」のが実状です。FCバルセロナの下部組織で、あるコーチが10歳の選手たちに「リフティングを100回やってみろ」と指示したところ、できたのはたった一人だったという有名な逸話があります。その一人とは、日本人の久保建英《たけふさ》君でした。

日本では、地域の選抜チームに入るような選手であれば、多くの子供たちが100回のリフティングを楽にこなしてしまうでしょう。しかしスペインでは、10歳でそれができる選手はほとんどいません。つまり、リフティングの上手下手は、選手としての評価の対象になっていないのです。

私は以前、『テクニックはあるが、「サッカー」が下手な日本人』（ランダムハウス講談社／2

009年）という本を出版しましたが（河出書房新社から2013年に再刊）、ここで言う「テクニック」とは、サッカーの試合で活かされないテクニック、すなわちリフティングなどのことを指していました。その翌年に刊行した『スペイン人はなぜ小さいのにサッカーが強いのか』（ソフトバンク新書／2010年）では、「リフティングはうまいが、サッカーが下手な日本人」という章を設け、リフティングやドリブル、パスの反復練習に対して前述のような根拠をもってそれを否定しました。

両書を執筆した当時とサッカーに対する根本的な考え方は変わっていませんが、今では少し、浅はかな意見表明だったかなと反省しています。どんな練習メニューでも、指導者が特別な〝意味〟を加えることで有意義なトレーニングへと変化させられることに気づいたからです。

この話題に関連する小話をひとつご紹介しましょう。

以前に出版した自著でも何度かご紹介しましたが、個人的にとても好きなエピソードですので、あらためて。みなさんは、ある偉人による「Be water, my friend」という名言をご存じですか？

スペインにいた頃、世界的な人気アクションスターである故ブルース・リーのインタビュー映像を用いた自動車メーカー「BMW」のテレビCMをよく目にしました。彼の熱烈なファンというわけではなかったのですが、そのコマーシャルに登場する彼の言葉に強く共感し、座右の銘として今も胸に刻んでいます。

Empty your mind, be formless like water. Be water, my friend.
（心を空っぽにしろ。水のように、形にとらわれるな。水になるんだ、友よ）

水は、コップに注げばコップの形になり、川に流れれば岩をも砕く力をもつ。大きな力は、自由に形を変える水のような精神を備えることで発揮される――。彼は、そのような意味を込めて「水になれ」と言っています。形があるようでない、それが本当の強さである。それこそ、本書のメインテーマである「自分の体を思いどおりに動かす」ことの真髄であると私は思います。

「体の動き」については以前から強い関心をもっていた私ですが、それを指導現場にうまく採り入れることができていませんでした。リーの言葉に出会い、それを念頭に置きながら二つの国で指導をしてきた経験を通じて体得した要素をふまえて、「リフティング」のもつ意味を再定義したいと思います。

みなさんも一緒に、本書とボールをもってグラウンドに飛び出しましょう。

LIFTING

［股関節1］

片足インサイド&アウトサイド・リフティング

片方の足でインサイドとアウトサイドを交互に使いながら、リフティングをします。どちらのキックも足を水平に上げることがコツで、この動きによって股関節を大きく動かすことができます。

両方の股関節を自由自在に動かすことが主目的ですので、利き足だけでなく、苦手なほうの足でもチャレンジしましょう。

このリフティングは、“動き”がとても重要です。まずは「ボールなし」から始めて動きを覚え、ワンバウンド・リフティングからチャレンジしてみましょう。「インサイド→アウトサイド→ワンバウンド」など、組み合わせによって難易度を調整するのも“楽しみながら練習する”ためのコツです。ボールの高さは気にせず、まずは10回連続を目標にチャレンジしてください。

それができるようになったら、ボールを上げる高さを「頭まで」や「胸まで」などに制限して行ってみましょう。

POINT

足を水平まで上げることで、股関節を大きく動かす。腰を回転させながら、“同じポイント”でボールをとらえる

LIFTING

［股関節２］

両足アウトサイド・リフティング

アウトサイドのみを使うシンプルなリフティングを、左右の足で交互に行います。リフティングのポイントである「足を水平になるまで上げてボールにミートする」や「腰の回転を利用する」は、日常生活ではなかなか見られない動きです。股関節の可動域を広げる効果も期待されます。

「頭まで」や「胸まで」など、ボールを上げる高さに制限を加えることで、難易度はより高まります。ボールが同じ位置で上下するように、腰をひねりながらできるようになったら、アウトサイド・リフティングの上級者です。

レベルに応じて、ワンバウンド・リフティングからスタートしてもかまいません。まずは10回連続を目標に、トライしてみましょう。

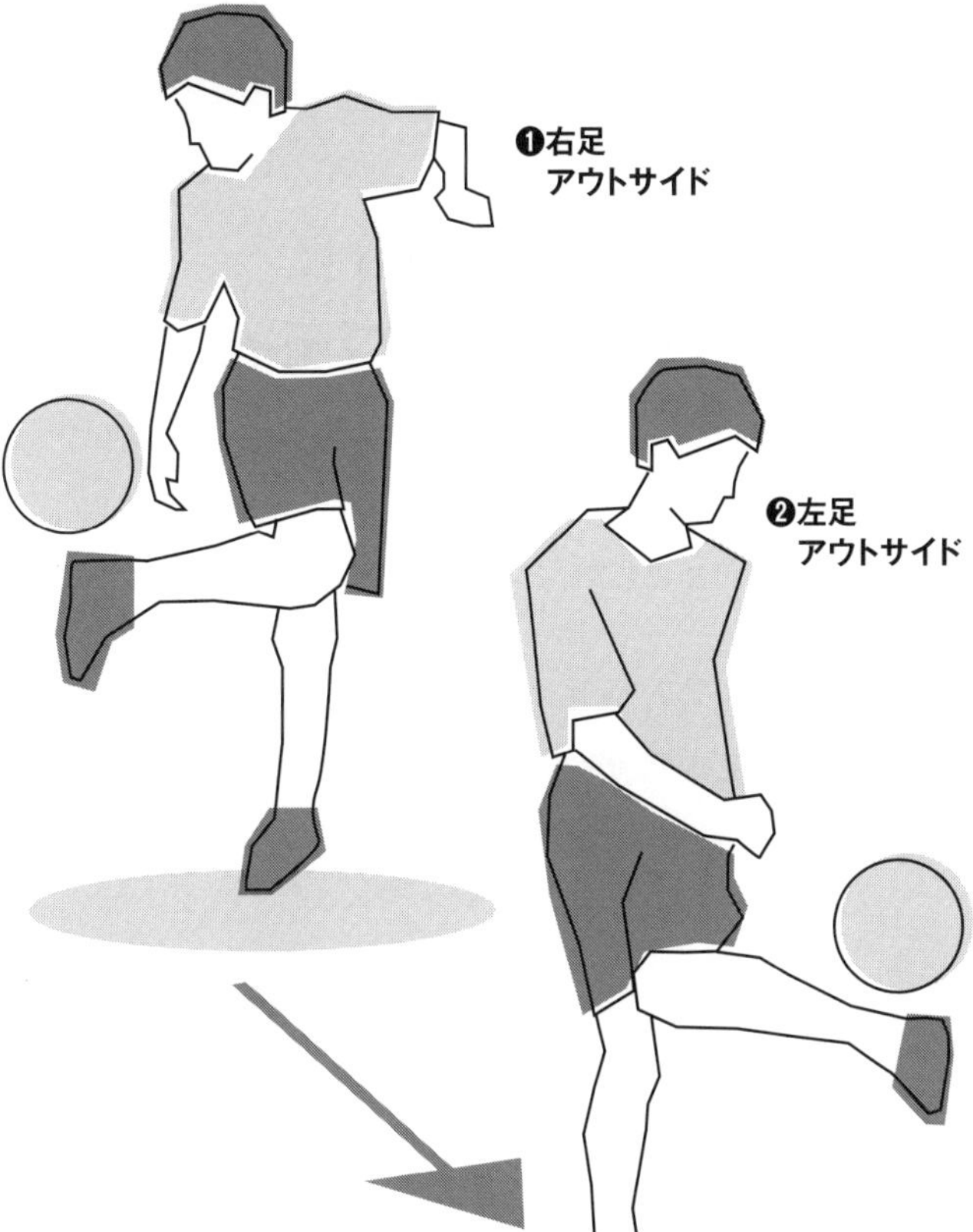

POINT

ボールを上げる高さに制限を加えることで、難易度を調整する

LIFTING

［股関節３］

両足インサイド＆アウトサイド・リフティング

両足を使って、インサイドとアウトサイドで交互にリフティングをします。期待される効果は、「1」や「2」と同じく股関節の可動域を広げることと、両股関節を自由自在に操ること。

「①右足インサイド→②左足アウトサイド→③左足インサイド→④右足アウトサイド（イラストの時計回り）」で2周することができたら、こんどは「①右足インサイド→④右足アウトサイド→③左足インサイド→②左足アウトサイド（イラストの反時計回り）」にチャレンジしてみてください。

これもかなり難易度が高いので、レベルに応じてワンバウンド・リフティングから始めることをお勧めします。インサイドもアウトサイドも、「どの高さでボールをとらえればうまくリフティングができるか」を知ることがポイント。コツをつかめば、“足の動きに合わせてボールが上下する”という感覚を味わうことができます。連続10回できたら、ボールの高さ制限を設けて難易度を調整してみましょう。

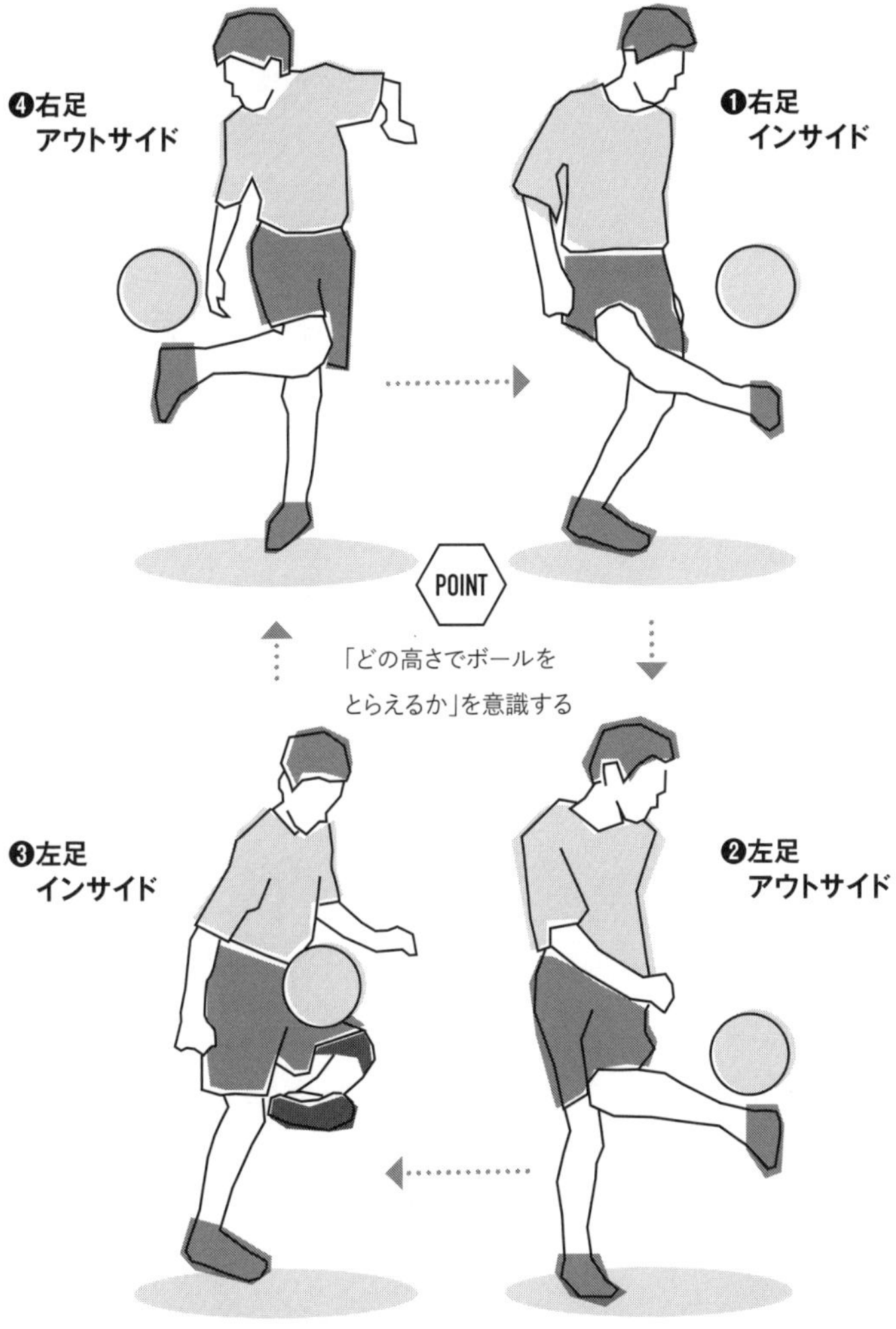
❹右足
アウトサイド
❶右足
インサイド
POINT
「どの高さでボールを
とらえるか」を意識する
❸左足
インサイド
❷左足
アウトサイド

LIFTING

［股関節４］

横移動しながらインサイド&アウトサイド・リフティング

股関節強化リフティングのハイレベル編です。インサイドとアウトサイドを使ったリフティングに、「横に進む」という条件を加えます。目標は10メートル。

「右足インサイド→右足アウトサイド」、「左足インサイド→左足アウトサイド」に加え、「両足のアウトサイドのみを交互に使いながら横移動」などを行うことで、トレーニングにバリエーションをもたせることができます。もちろん、左右両方向に移動できることが理想です。

このトレーニングの主目的も「股関節の動きを習得すること」なので、リフティングのポイントである「足を水平に上げる」をしっかり意識させましょう。「横に移動しながら」行うことで、ふだんは必要ないコーディネーション能力が求められるため、さらなる効果が期待できます。子供たちにトレーニングを楽しんでもらうためにも、“競走”や“リレー”といった要素を加えてもいいでしょう。

横に移動しながらリフティングする。
目標は10メートル!

POINT

移動しながら行うことで、さらに
コーディネーション能力を養う

LIFTING

［股関節５］

下がりながらインサイド&アウトサイド・リフティング

股関節強化リフティングのハイレベル編です。「1」や「2」、「3」のインサイドとアウトサイドを使ったリフティングを行いながら、「後ろに進む（下がる）」条件を加えます。目標は10メートル。
「右足インサイド→右足アウトサイド」「左足インサイド→左足アウトサイド」に加え、「両足のアウトサイドのみを交互に使いながら下がる」などを行うことで、バリエーションが広がります。

これも主目的は「股関節の動きを習得すること」ですから、リフティングのポイントである「足を水平に上げる」をしっかりと意識させましょう。「下がりながらのリフティング」は日頃使わないコーディネーション能力を必要とするため、さらなる効果が期待できます。子供たちにトレーニングを楽しんでもらうために、前項と同じく“競走”や“リレー”といった要素を加えてもいいでしょう。

POINT

使える足、部位を変化させることで、さまざまなコーディネーション能力を同時に養う

LIFTING

［股関節6］

ソンブレロ

「ソンブレロ」とは、スペイン語でツバの広い帽子のことを言います。サッカーでは、相手の頭上を帽子のような弧を描いてふわりとボールを越えさせるテクニックを言い表します。

相手に背を向けるイメージでリフティングをし、自分の背後に浮き球を蹴って相手の頭を越えさせ、素早く反転してそのボールを拾い、ふたたびリフティングします。

ポイントは、ボールを上げる高さと強さを自分の反転スピードに合わせること。まずは連続で10回つづけることを目標にしてください。

このトレーニングももちろん、ワンバウンドさせるところから始めてかまいません。「ポーンと上げて、くるりと反転する」までのスムーズな動きには、股関節の柔軟性と強くしなやかな体幹が求められます。実戦でも使えるテクニックですので、ぜひチャレンジしてみてください。

POINT

ボールを上げる高さ・強さを
自分の反転速度に合わせる

LIFTING

[脱力リフティング1]

肩回し&インステップ

リフティングをしながら、両肩を左右交互に回します。肩全体を胸鎖関節（鎖骨と胸骨をつなげる関節）から動かし、前方から背中側に回すようにイメージしてください。

ポイントは、リフティングをつづけながら、上半身ではリラックスした状態をつくること。肩に力が入ってしまうと、しなやかに回すことはできません。肩とともに、背骨もしなやかに揺らすことができたら完璧です。

リフティングは左右の足を交互に使うことが理想ですが、肩回しをしながらそれを行うのはかなり難しいので、「右足→ワンバウンド→左足→ワンバウンド」というリズムでもかまいません。最初はボールを使わずに、リフティングの動きをしながら肩を回すことから始めてもいいでしょう。

POINT

肩から力を抜き、
上半身を
リラックスさせる

LIFTING

［脱力リフティング2］

肩回し&アウトサイド

左右の足で交互にアウトサイドを使ってリフティングをしながら、その足とは反対側の肩を回します。

リフティングのポイントは、ボールにミートするときに足の角度を水平にすること。アウトサイドは難易度の高いキックですが、リフティングに集中しすぎると上半身がリラックスできません。最小限の筋収縮でリフティングを行い、ムダな力が入らないように心がけましょう。

「1」と同じく、最初は“ボールなし”で動きを覚え、ワンバウンド・リフティングで少しずつコツをつかんでいきましょう。リフティングのバリエーションを変えて難易度をコントロールしながら、「まずは10回連続」など、目標回数を設定して挑戦してみてください。

右足でリフティングを
したら左肩を、
左足でリフティングを
したら右肩を回す
POINT
リラックスして行う

LIFTING

［脱力リフティング３］

服を着ながらリフティング

服を脱いだり着たりしながらリフティングをするパフォーマンスは、“プロの技”としてイベント会場などで目にすることがあります。実はこれ、トレーニングとしてもとても効果的です。

服を脱いだり着たりするためには“脱力”しなければならず、相反する筋収縮を繰り返すリフティングと同時に行うのは簡単ではありません。これができたら、リフティングの最上級者です。

とても難しいテクニックですので、まずはビブスを着ることから始めてみてください。最初はもちろん、ワンバウンドのリフティングでオーケー。少しずつハードルを高くしながら、「ノーバウンドのリフティングをしながら服を着る／脱ぐ」ができるまでチャレンジしてみましょう。きっと仲間たちと、ワイワイ楽しみながらできるはずです。

POINT

上半身をリラックスさせて、
十分に脱力する

第4章

ドリブル練習を「再定義」する

等間隔に並べたコーンは「相手選手」ではない

第3章でもお話ししたとおり、リフティングと同様、サッカーの本質である「相手との駆け引き」や「状況判断」を伴わないドリブルの反復練習は、私にとって〝サッカー〟ではありませんでした。

「相手選手に見立てたコーン」は等間隔に並べることが多いですが、実際の試合では、相手は決して等間隔に並んでなどいません。コーンは置かれた場所からいっさい動くことがありませんが、試合ではもちろん、相手選手が自由に動きます。

「サッカーは、サッカーをすることで巧くなる」の信念に照らし合わせれば、コーンを並べたドリブルの反復練習は、私にとって「いくらやってもサッカーが上達しないトレーニング」の典型でした。むしろ、それを繰り返すことで、「等間隔に並んでいる、しかも動かない相手しか抜けないドリブル」が身についてしまう可能性さえあると蔑視していたのでした。

ですが今、私は子供たちにこの練習を課しています。それはなぜか――。

並べたコーンは、「相手選手ではない」というとらえ方に発想を変えたからです。そう考えれば、コーンが動く必要はありません。等間隔に並べたコーンを抜くドリブルは、ドリブル上達のための練習ではなく、「スムーズな重心移動によって、新たな身体動作を習得するためのトレーニング」へと定義し直すことができるのです。

指導者が少し考え方を変えるだけで、今まで無意味に思えていたトレーニングが非常に大きな効果を期待できるトレーニングへと変貌しうる――そう確信しています。

バルセロナのネイマールやアンドレス・イニエスタのドリブルを見ていると、文字どおりの「ひらり」という感覚で、軽やかに、いとも簡単に目の前の相手を抜き去っていくことに気づきます。彼らにはもちろん、圧倒的なボールテクニックが備わっており、特にネイマールには、高速シザーズ（またぎ）フェイントなどの武器もあります。

しかし、そうしたテクニカルな一面よりいっそう際立つのは、まったく力むことなく、自分の体を進みたい方向に動かす「重心移動」の巧みさなのです。

「体重移動」と「重心移動」は別物である

ある日、子供たちにイングランド・プレミアリーグのチェルシーに所属するベルギー代表MFエデン・アザールのドリブル映像を見せました。

イニエスタやネイマールと同じく、彼のドリブルには「力感」がいっさい感じられません。力を入れて、筋肉によって体を動かしているのではなく、体をスイスイと押し運ぶようなイメージで相手の脇をすり抜けます。そのことは、映像を見た子供たちもすぐに気づくことができました。

決して足を踏ん張ることのない自然な動きには、予備動作がありません。ここでいう予備動作とは、次の動きに移行するために利用する〝反動〟のことです。

たとえば、50メートル走でスタートダッシュをしたければ、体を沈めて勢いよく踏み込もうとするのが自然な動きです。しかし、体を沈める「予備動作」によって、勢いよく走り出そうとしていることが周囲に伝わってしまいます。ドリブルで相手の右側を抜こうとして左足に力を入れてしまうと、右側を抜こうとしていることが相手に感知されてしまうのです。

それでは決して、イニエスタやネイマール、アザールのように「ひらり」と相手を抜くことはできません。

その感覚を私は、「古武術」を体験することで知りました。

甲野善紀さんは、知る人ぞ知る古武術研究家です。古武術とは、武士が戦うために身につけた動きや技術の総称で、彼は古武術を通じて「質の高い身のこなし」を研究しています。その動きはスポーツ界にも大きな影響を及ぼしており、元読売ジャイアンツのピッチャーである桑田真澄さんも、甲野さんから身体技法を学んだ一人として知られています。その方法論は介護の現場で応用されるなど、幅広いジャンルで注目されています。

かねて古武術に興味を抱いていた私はあるとき、甲野さんが主宰する稽古会に参加しました。介護士や音楽家、ダンサー、アスリートなど、さまざまなジャンルから50人以上が集《つど》っていました。多種多様なプロフェッショナルの注目を浴びる中、甲野さんの実演が始まりました。

このときの感動をどう伝えていいのかわかりませんが、とにかく私は、目の前で起きたことに驚きを隠せずにいました。当時59歳の甲野さんは、四つん這いになった体重80キログラム前後の男性を軽く持ち上げ、しかもその動作には、「踏ん張る」「勢いをつける」といった〝力感〟がまったくないのです。

甲野さんはさらに、竹刀《しない》を構えて「打つから避けてください」と言います。どう考えても、いとも簡単に避けられそうな距離感なのですが、私を含めて誰一人として竹刀を避けることはできませんでした。なぜなら、竹刀を振る直前の予備動作がまったくないため、「いつ振るのか」がまったくわからないのです。

私はまた、「鬼ごっこの要領で、逃げる私を捕まえてください」という甲野さんを一度も捕まえることができませんでした。甲野さんに言わせれば、私の動きに〝予備動作〟がありすぎるため、予備動作のない彼に追いつけないのだそうです。

還暦を間近に控えた甲野さんの動きにまったくついていくことができなかった私は、しばらく本気で落ち込んでしまいました。そして、この経験をサッカーに重ねようと考えたのです。

「フェイントなんて、まったく意味がないのでは⁉」

「相手の動きを読めないこと」に対して、私は恐怖感さえ覚えました。相手に「ヒント」を与えることのない動きができれば、その選手にとって最高の武器となるはずです。イニエスタやネイマール、アザールのドリブルは、まさにその動きに近いからこそ、いとも簡単に相手を抜き去ることができるのでしょう。

この章で紹介するドリブル練習の目的は、まさにそうした動きの習得にあります。

理想の動きは「グググ」ではなく「サササ」

イニエスタやネイマールらのドリブルを習得するために求められているのは、予備動作として踏ん張りながら動く「体重移動」ではなく、重心をコントロールするだけで思いどおりの方向に体を動かす「重心移動」です。それこそが、甲野さんが実演して見せてくれた「質の高い動き」と言えるでしょう。

体重移動とは異なる重心移動のコツを子供たちに伝えるために、まず、「重力とは何か」を説明するのがいいでしょう。

自分の正面にある壁に両手をついて、体を斜めにして寄りかかっているとします。そのときもし、急に壁がなくなったら、体は自然と前に倒れます。そのとき働いているのが重力です。この重力の効果をうまく活かすことができれば、体の重さを、前に進もうとする力（倒れる力）に変えることができる。大切なのは、この場合、前に進むための筋力はほとんど必要としない点です。

つまり、重力をうまく利用して進みたい方向に体を動かすことができれば、余計な筋力を使わなくてすむ。力んだ「グググ」ではなく、イニエスタやアザールのように「ススス」という動きになる。私はいつも、子供たちにそのような話をして「重心移動」の意味を伝えています。

甲野さんの稽古会に参加して以来、私は自宅でスリッパの代わりに「一本歯下駄」を履くようになりました。

一般的な下駄は2本の歯によって支えられていますが、一本歯下駄にはその名のとおり、支える歯が1本しかありません。したがって、前方向に重心を移動すれば必然的に前のめりの状態になり、まるで背中を押されているような感覚で歩くことができます。

これを毎日履き続けていると、ふつうに歩く際には感じない臀部《でんぶ》や大腿裏の筋肉を使って歩いている感覚が生まれます。そうすると、ふつうのスニーカーを履いて歩く際の感覚も、徐々に変わってくるのです。「背中を押されている感覚」が日常に落とし込まれる、といえばいいでしょょうか。

この経験からわかるのは、日々の動作習慣こそが、その人の体をつくっているという事実です。だからこそ、「体を思いどおりに動かす」の要素を加えたドリブルの反復練習には、大きなプラス効果が期待できるのです。

重力を味方にすることを実感するのは、子供たちにとって決して簡単ではありません。しかし、コーンを並べてのドリブル練習には、「体のバランスを保とうとする要素」が多分に含まれています。指導者がうまく工夫することで、重心移動に頼らざるをえないトレーニングを課すことが可能になります。

そのような〝裏テーマ〟が隠されているとはつゆ知らず、子供たちはボールテクニックを磨くトレーニングとして励む……、そうした状況をつくることができれば、結果的に「理にかなった動き」が習得される理想的なトレーニングに変えることができるのです。

驚くほど精密な適応能力

甲野さんの稽古会に参加したり一本歯下駄を履いて生活してみたり……、興味の向くままに少し変わった方法を試し続けていると（実は他にもたくさんトライしています）、人間の体は私たちが思っているよりもはるかに精密であることに気づかされます。

以前、計2キログラムの〝おもり〟を入れたチョッキを身に着けて、サッカーをプレーしてみたことがありました。当然ながらおもりの重さを感じながら動くわけですが、それはまさしく「重力を感じる」という感覚でした。

たった2キログラムのおもりにもかかわらず、私はそれにかかる「重力」に振り回されて体をコントロールすることができず、ついには〝船酔い〟のような状態となって、サッカーをプレーするどころではありませんでした。もちろん、ふだんならミスをしないインサイドキックさえ、まともに蹴ることができません。

ところが、ふしぎなことに、何度かその状態でプレーしていると、体が慣れてくるのです。そして、こんどはチョッキを脱いでプレーしてみると、ほんの少しのあいだ続く違和感を経た後に感じるのは、それ以前とはまったく異なるレベルで機敏に動く自分でした。いわゆる〝キレキレ〟の状態です。

その感覚は、一本歯下駄を脱いで歩いたときのそれと近いものでした。

人間に本来的に備わった「適応能力」の賜《たまもの》でしょう。重力を体感できるようになれば、それに適応するための動きを必然的に学ぼうとするのです。私たちの身体が備える精密なしくみをうまく利用して、この「慣れる」という感覚をトレーニングに落とし込まない手はありません。

目指すのは、まるで力感を感じないイニエスタやネイマール、アザールのドリブルです。そのためには、やはり体を思いどおりに動かせるようにならなければなりません。

コーンを並べたドリブルの反復練習では、コーンを抜こうとする際にうまく「重力」を味方につけなければいけません。それを制してバランスを維持しようとする動きに、〝重いチョッキ〟を着てプレーすることと同じ効果を期待しています。もちろん、その状態でボールをうまくコントロールしようとすれば、テクニックは必然的に高まるはずです。

さあ、まずはコーンを並べて、「重力」を意識したドリブル練習を始めてみましょう。

MESSI's DRIBBLING

©アフロ

INIESTA's AGILITY

©ムツ・カワモリ／アフロ

DRIBBLING

［重心移動1］

おんぶ

まずは“重力”を感じつつ、自分の重心をうまくコントロールする感覚を養うためのトレーニングです。パートナーを背負ったままただ歩くだけで、十分な効果を期待することができます。

目安は約10メートル。反転して往復する動きを入れてもかまいません。アンバランスな“おもり”（重力）を支えるためには、どのような姿勢をつくり、どのような感覚で背負えばいいのかを実感することが目的です。

かつては、「おんぶリレー」のようにスピードを争うことで負荷を高めるトレーニングがありましたが、筋力の強化が目的ではないので、走る必要はありません。ゆっくり歩きながら“重力”を感じる。そのことを意識させてください。

「重力」を感じながら、
10メートル歩くだけ!

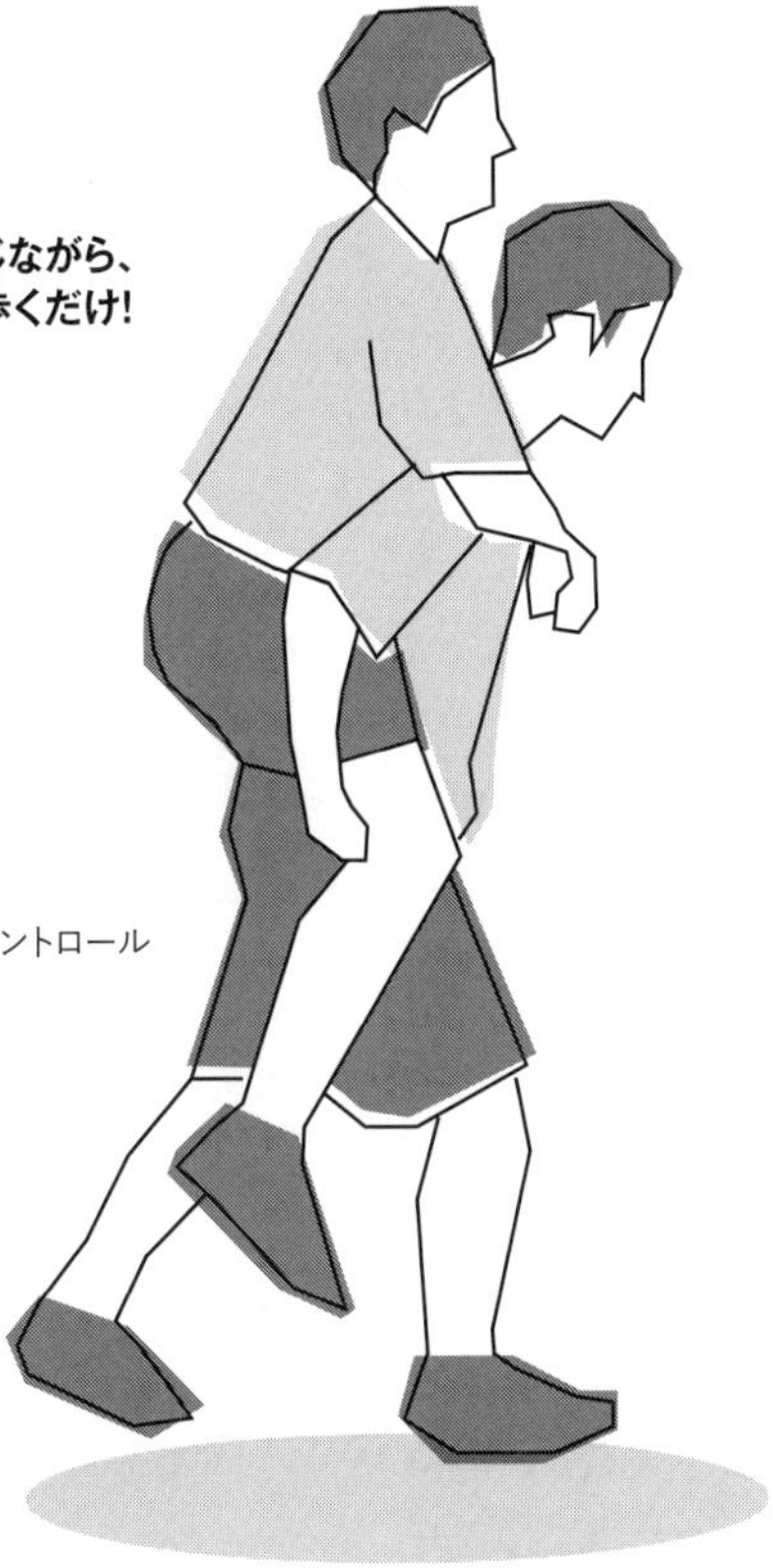

POINT

自分の重心をコントロールする感覚をもつ

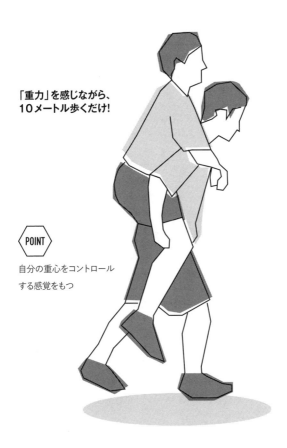

DRIBBLING

[重心移動２]

インサイド・スキップコーンドリブル

コーンを等間隔に並べて行うドリブル練習です。

コーンを右にかわしたら右足のインサイドで左に、左にかわしたら左足のインサイドで右に、スキップのリズムで斜め前に進みながら、連続してコーンをかわしていきます。結果として、体はやじろべえのように揺れ動くことになるでしょう。

よくあるドリブル練習のひとつですが、大切なのは下半身の動きだけでボールをコントロールするのではなく、スキップのリズムを利用して体の重心を左右に移動しながら、“体ごと”コーンをかわすこと。小さなコーンを利用する場合は、コーンの上をまたがず、必ず横を抜けるように注意してください。

まずはボールを使わずにスキップで抜ける感覚をつかむことをお勧めします。コーンを左右にズラして配置すると、体の振れ幅が大きくなり、重心移動のトレーニングとしての難易度が上がります。

**インサイドだけを使いながら、
スキップのリズムでドリブルする**

POINT

重心を左右に移動しながら、
体ごとコーンをかわす感覚を覚える

DRIBBLING

[重 心 移 動 3]

アウトサイド・スキップコーンドリブル

方法は「2」のインサイドを使う場合と同じですが、こんどは左右のアウトサイドのみで行います。

アウトサイドで行う場合は、ボールの外側に軸足を置かなければならないため、必然的に体の振れ幅が大きくなります。アウトサイドでコントロールする技術の向上を目指すことはもちろんですが、体の“振れ幅”が大きくなるために、よりスムーズな重心移動が求められます。体の軸をブレさせずに、立ち足を素早く踏み込むことを意識しましょう。スムーズなタッチを実現するためには、力まず、リラックスした状態で重心を移動させることが大切です。

最初はボールなしで、次にボールを使って、さらにはコーンの配置を左右にズラすなどして難易度を少しずつ上げていきましょう。

アウトサイドだけを使いながら、
スキップのリズムでドリブルする

POINT

体の軸がブレないよう、
立ち足を素早く踏み込む

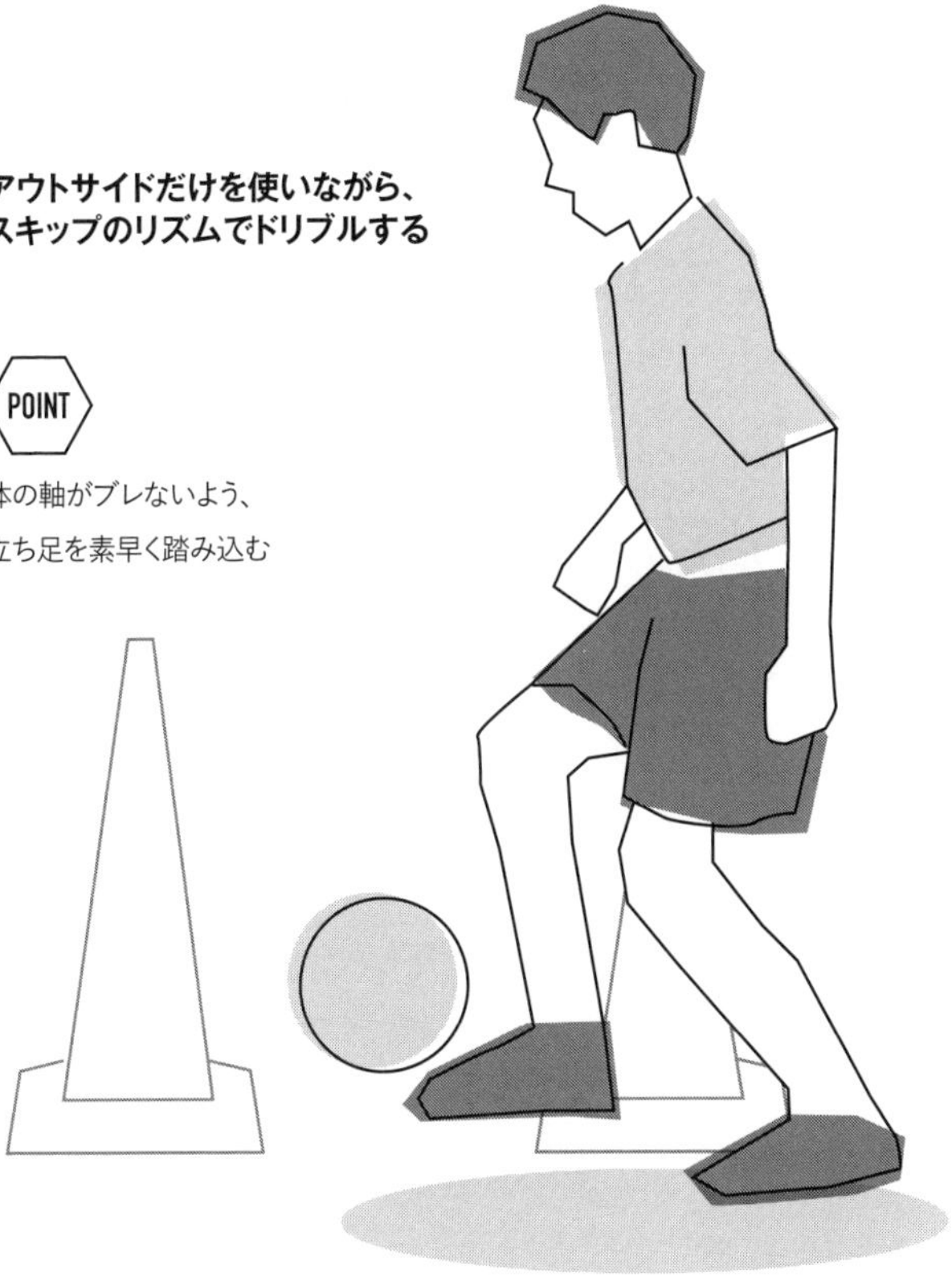

DRIBBLING

[重心移動4]

"3のリズム"のコーンドリブル

右足のアウトサイドでボールを押し出してコーンをかわし、左足のアウトサイドでボールを止めて、右足を踏み込み、すぐにもう一度左足のアウトサイドでボールを押し出して次のコーンをかわす ── この3つの動作を「1、2、3」のリズムで行います。「止める、踏み込む、押し出す」を、テンポよく「1、2、3」と行うのがポイントです。

タッチ数が多いため、難易度としてはワンタッチのアウトサイド・スキップコーンドリブルよりも低いのですが、テンポよく重心を移動しなければスムーズなドリブルは実現しません。

指導者のみなさんは、横の重心移動に際して体の軸がブレていないか、力を抜いたリラックスした状態で動きをコントロールできているかをチェックしてください。リズムがとれるようになったら、スピードを上げていきましょう。

「1、2、3」のリズムで
テンポよく!
POINT
リズムをとれるように
なるまでは、スピードを
抑えめにする

DRIBBLING

［二の足1］

前ジンガ

ボールタッチのトレーニングとして有名な「ジンガ」ですが、もちろんこれも、“体の動き”を強く意識することで意味が変わってきます。

やり方は少し複雑です。右足の裏で滑らせるようにボールを内側（斜め左）に転がし、左足のインサイドで少し前に押し出します。そのボールを、ふたたび右足の裏で外側（斜め右）に押し出し、こんどは左足の裏で内側（斜め右）に転がして、右足のインサイドで前に出したらふたたび左足の裏で外側（斜め左）に転がす —— この繰り返しです。

このボールタッチは非常に難しいので、ぜひ動画をご覧ください。ポイントは、複雑な動きの中で片足に体重を乗せることなくリズミカルに連続タッチを繰り出すこと。素早く“二の足”を出せるようになることで、ボールタッチの回数を増やし、状況に応じて臨機応変にボールに対するアクションを変えることができるようになります。

リズミカルな連続タッチで、
スムーズにボールを"転がす"

POINT

片方の足に重心を乗せることなく、連続的にボールタッチする

DRIBBLING

［二の足２］

後ろジンガ

後方に進むジンガの動きですが、ボールタッチは「前ジンガ」よりも簡単です。

進行方向に背を向けて、まずは右足の裏で下がりながらボールを転がし、インサイドでストップ。次に左足の裏でボールを転がし、インサイドでストップ ― これを繰り返します。

「前ジンガ」と同様、“二の足”を強く意識して、足の裏からインサイドのボールタッチをスムーズに行うことがポイントです。スキップのリズムで行うため、動きを理解するまでに少し時間がかかるかもしれませんが、子供たちはボールテクニックのトレーニングとして楽しみつつ、すぐに動きを覚えてしまうでしょう。

指導者のみなさんは、視線をボールに落としすぎないこと、そのうえで足の裏とインサイドによる連続タッチをスムーズかつ正確に行うことを意識させてください。

進行方向に背を向けて、
リズミカルな連続タッチで、
スムーズにボールを“転がす”
POINT
視線をボールに
落とさないように！

DRIBBLING

[二の足3]

左右交互ドリブル

あらゆる状況の変化に対応するためには、ボールにできるだけ多くタッチすることが理想的です。二足歩行の人間にとって最もタッチリズムの速いドリブルは、走りながら一歩踏み出すたびにボールにタッチする“右左、右左、右左”という左右交互のリズムです。

このトレーニングは、人数に応じて5～10メートル四方のスペースで行うといいでしょう。ドリブルの方向は自由ですが、ステップごとに左右交互にボールをタッチしなければなりません。ぶつかりそうになる他の選手を避けながら、細かいタッチでボールを運ぶ――そうしたドリブルをマスターすることで、最も効率的な連続タッチと状況に応じた“二の足”の使い方を覚えることができます。

難易度は、人数とスペースの変化で設定できます。密集度が高まるほど、子供たちの技術レベルや判断力が鍛えられるでしょう。

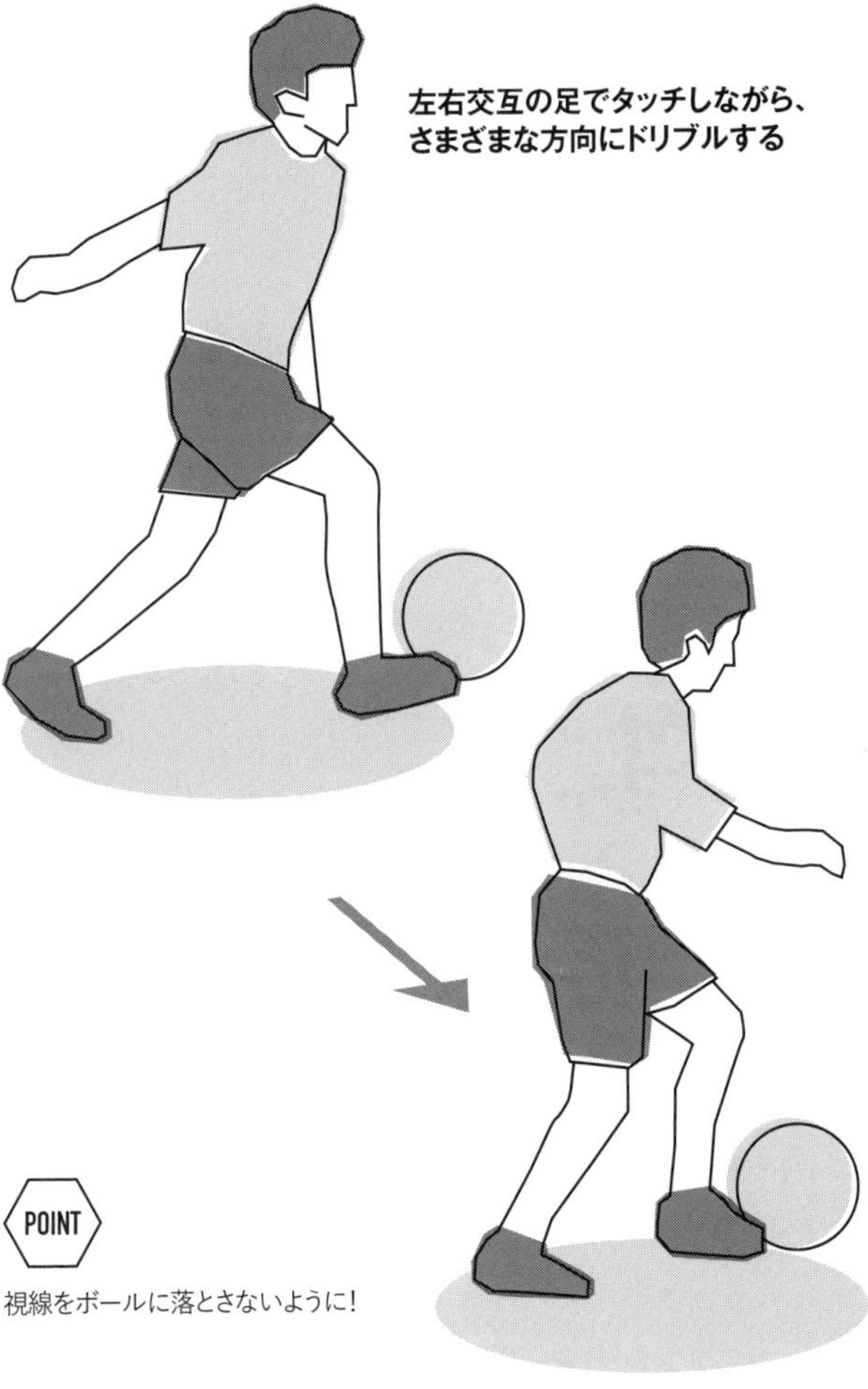
左右交互の足でタッチしながら、
さまざまな方向にドリブルする

POINT

視線をボールに落とさないように!

DRIBBLING

［二の足4］

左右交互ドリブル（直線）

「相手をかわす」ことを目的としてフリースペースで行った前項の左右交互ドリブルを、こんどは「スピード」を目的として直線コースで行います。

ポイントは「いかに速く進むか」ですが、指導者のみなさんは“姿勢”にも注意してください。最も理想的なのは、下半身を隠して見た場合に、ドリブルをしているにもかかわらず「ただ走っているだけ」に見えること。つまり、顔を上げて姿勢を正しながら、それでも左右交互にボールをタッチして、できるだけ速くドリブルしていることです。

手を叩きながら「ワン、ツー、ワン、ツー」とリズムを示してあげれば、子供たちは連続ボールタッチの感覚をつかみやすいかもしれません。そのテンポを変えることで難易度が変わりますので、「競走」などのゲーム性を加えながら楽しめるトレーニングにしてください。

「ただ走っているだけ」に見えるようにドリブルする

POINT

「姿勢良く」「いかに速く進むか」に注力する

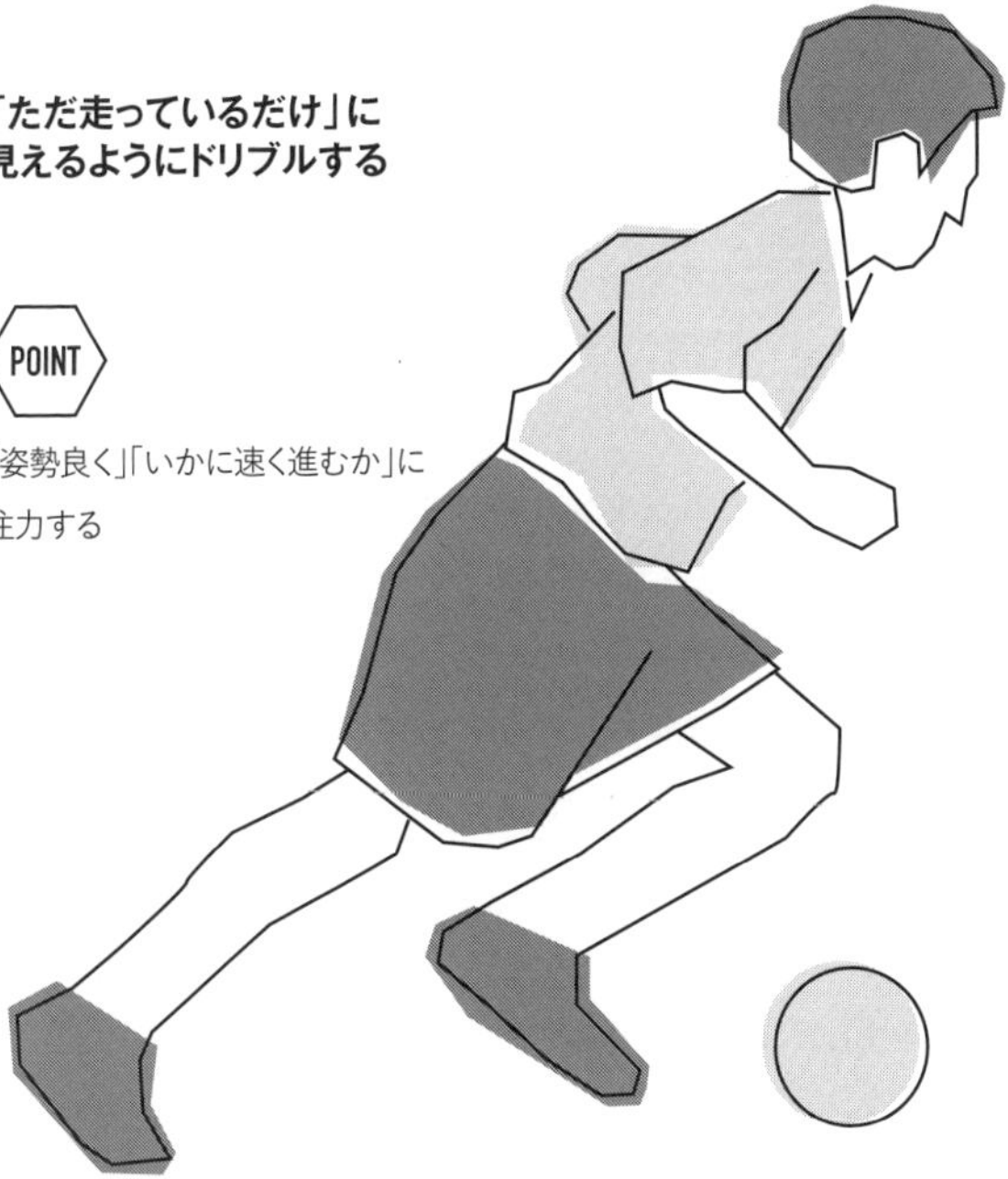

DRIBBLING

［足首１］

連続エラシコ

すっかり一般的なフェイントテクニックとなった「エラシコ」ですが、これを体得することで柔軟な足首を手に入れることも期待できます。

まずは、「アウトサイド→インサイド」のエラシコ。右足のアウトサイドでボールを右前方に押し出しつつ、足をボールに密着させたままもう一度インサイドに当てて左側に切り返します。これを「パンパン」という素早いテンポで行うためには、「足首を動かす」感覚を捨てて、「足首を脱力させてタオルのように振る」イメージで行う必要があります。左右連続であればなおさらです。

次に、「インサイド→アウトサイド」のエラシコにも挑戦してみましょう。右足のインサイドでボールを左側に押し出しながら、そのステップのままボールと足の接地面をアウトサイドに変えて右側に押し出します。「左に行くと見せかけて右に行く」フェイントですね。これらを連続で行うことで、足首の柔軟性が養われます。

**アウトサイド→インサイド、
と、ボールを"なめる"ように
連続でエラシコ**

POINT

足首を脱力させて、
「タオルのように」振る

DRIBBLING

［足首２］

インサイド・シャペウ

ドリブルのトレーニングというより、「重心移動」に重きを置いたトレーニングです。「シャペウ」とは、ポルトガル語で「帽子」の意味。つまり、ちょうど頭上を越すくらいの高さにボールを上げて、相手をかわすテクニックです。

左足でボールを転がして右側にステップしたら、そのまま右足のつま先を使ってボールをすくい上げるのがポイント。ボールを高く上げた方向に素早く移動し、ボールの落下地点に入ります。つま先でのボールタッチと膝から下の振り、足首のスナップなどを連動させて、足をムチのようにしならせることがコツです。

ボールをすくい上げる瞬間に重心が移動し始めていなければ、ボールの落下地点に遅れてしまうため、シャペウが巧くなることで必然的に重心移動が上達する効果が見込まれます。

相手の頭上を越える高さまで、
ボールをすくい上げる

POINT

ドリブルよりも、「重心移動」に
意識を置く

DRIBBLING

[足首3]

アウトサイド・シャペウ

「インサイド・シャペウ」と動きは同じですが、こんどはアウトサイドを使ってボールを高く上げます。

右足のインサイドで自分の左側にボールを押し出し、ステップを踏んで左側に移動しながら、右足のアウトサイドでボールをすくい上げます。ボールを上げた方向へのスムーズな移動を心がけて、ボールの落下地点に遅れないように移動しましょう。

「インサイド・シャペウ」より難易度は高くなります。特に、利き足でないほうのアウトサイドですくい上げるのはなかなか難しいと思いますが、これができれば逆足での滑らかなボールタッチにも効果があるでしょう。ボールをすくい上げた直後の移動においては、重心移動を意識するとうまくできるということも意識させられるといいですね。

“派手なテクニック”であるため、子供たちは素直に励みますが、動きのコツを意識させることをお忘れなく。

アウトサイドを使って、
相手の頭上を越える高さまで
ボールをすくい上げる

POINT

ボールをすくい上げながら
重心移動を意識する

第5章

「強くしなやかな体幹」を手に入れる

手に入れたいのは、「強くしなやかな体幹」

第3章はリフティング、第4章はドリブルを通じて、日常生活によって習慣化されている体の動きに刺激を与え、眠っている体の動きのキャパシティーを解放するトレーニングを紹介しました。続くこの第5章でも同様のトレーニングを紹介しますが、ここでは「体幹」に特化してみます。

特に近年、「体幹トレーニング」は、サッカー界のみならずあらゆるジャンルで注目を浴びています。みなさんもすでに、書店に並ぶ参考書などを手に取ってみたことがあるかもしれません。

もちろん私も、体幹を鍛えることでサッカーにも大きなプラス効果がもたらされると考えています。しかしそれは、体の小さい日本人選手が世界で戦うために、「当たり負けしない強い体をつくる」という意味ではありません。爆発的なスピードを生む瞬発力を鍛えるためでもありません。私が理想としているのは、そうした「強い体幹」であるのと同時に、もっと「しなやかな体幹」をつくることです。

「強い体幹」の典型としては、レアル・マドリードのポルトガル代表FWにして、リオネル・メッシと並び「世界最高」と称されるクリスティアーノ・ロナウドがイメージしやすいでしょうか。彼の最大の武器は、屈強なフィジカルに裏打ちされた爆発的なパワーとスピードです。誰もが一目見てわかるその圧倒的な強さで、自分の体を、少し大げさに言えば「強引に」制し、思いどおりに動かしている印象です。

「しなやかさ」≠「体のやわらかさ」

「体幹」と言えば、日本人選手ではインテル・ミラノに所属するDF長友佑都選手が有名です。彼もまた、「強い体幹」を手に入れることで海外の屈強な選手と渡り合い、さらにスピードとパワーを持続できるフィジカルを手に入れました。

しかし、私が理想とする「強くしなやかな体幹」は、パワーやスピードのためだけではありません。期待するのは、上半身と下半身のやわらかい身のこなしによる〝ダマす動き〟です。

サッカーは駆け引きのスポーツですから、目の前にいる相手をいかにしてダマすかがきわめて大切です。肩や腰の動きだけでフェイントをかけることができたら、一瞬の駆け引きで優位に立てるかもしれません。プレー中は全身に力が入ってしまいがちですが、イニエスタやネイマールのように、ふっと力を抜いた状態のまま体のバランスを保ち、クイックなモーションでフェイントをかける原動力は「強くしなやかな体幹」にこそあると思うのです。

私は、「強い体幹」に加えて「しなやかな体幹」も身につけることが、サッカーをプレーするうえではより大切だと考えています。

たとえば、トレーニングに「硬い体幹」を養う要素が含まれていたら、それはしなやかなボールタッチにとっては悪い習慣を身につけるためのトレーニングと言えるかもしれません。ですから、ここで紹介するトレーニングは、「強くしなやかな体幹」を身につけるためのものに特化しています。

誤解していただきたくないのですが、一連のトレーニングは決して、体のやわらかさ、すなわち、関節の可動域を広げることを主目的としているわけではありません。「やわらかい体」を手に入れても、プレーの中で動きのしなやかさを失ってしまったのでは、プレー中にそれを活かすことはできないからです。

大切なのは、ボールを扱いながらも、しなやかさを維持すること。あくまで「サッカーをプレーする」ことを前提として、そのために活かされる「しなやかな動きができる体」をつくらなければ意味がありません。

「90％の脱力」が「しなやかな体幹」を生む

今や中学生の必修科目となったダンス（時代が変わりましたね……）の基本動作として、「アイソレーション」という動きがあります。多くの人がテレビなどを通じて一度は目にしたことがある動きだと思います。日本語では「分解運動」と訳しますが、どのような動きかピンとこない方は、ぜひインターネットの動画サイトで検索してみてください。

体の各パーツを、それぞれバラバラに動かすアイソレーションを正しく行うためのポイントは、動かす部分のみ筋力を使い、その他のすべての部分を脱力させること。10％の筋収縮と、90％の脱力。サッカーにおいて身につけたいのは、まさにそのような動きです。

トラップの瞬間、足先だけに軽く力を入れながら、体全体はリラックスした状態を保てるか。それができれば、〝次の動作〟に使える筋肉を多く残していることになり、スムーズかつ連鎖的な動きを実現することが可能となります。タッチライン際でボールを受けて、瞬時に次のプレーへと移るメッシの動きが典型例です。

第3章のトレーニングでも紹介しましたが、リフティングしながら肩を回せるということは、下半身の筋収縮を繰り返しながら、同時に上半身の力を抜くことができているということです。

ボールを扱いながら上体をしなやかに動かすフェイントができれば、目の前の相手をダマすことが容易になります。マークについたディフェンダーをかわす際の、ネイマールのプレーを思い描いてみてください。

「当たり負けしない」よりも「いなす」プレーを

トラップの瞬間に上体の動きで相手をダマせる選手と、ボールを扱うことにしか集中できない選手の差は、決して小さくありません。よりハイレベルな環境でプレーできるのは、間違いなく前者です。

私が、「体重移動」ではなく「重心移動」にこだわる理由もそこにあります。

体重移動と比較して、重心移動のほうがより少ない筋収縮によって身体を動かすことができる。しなやかな体幹によって重心移動を可能にし、そして使っていない筋肉で他の動作を同時進行で行う。そうした動作は、ダッシュ時の方向転換、ボール保持時のフェイント、ボールタッチする瞬間の足首の動きの微調整など、さまざまなプレーに有効活用することができます。

すでにお話ししたとおり、この動きは体の小さな日本人にとって大きな武器となる可能性を秘めています。

もちろん、長友選手のように「強い体幹」を手に入れることで、屈強なフィジカルを誇る世界の相手に対しても当たり負けしないという方法もあるでしょう。ただ、潜在的かつ本質的な彼我《ひが》の〝体構造〟の違いをトレーニングで埋めるのは容易ではありません。

私が理想としているのは、「当たり負けしない」のと同時に「いなす」こと。相手の強い当たりに対して、それを正面から受け止めて跳ね返そうとするのではなく、「受け流す」のです。

ネイマールやイニエスタは、決して体の大きな選手ではなく、屈強なフィジカルの持ち主でもありません。彼らがその弱点を感じさせない大きな要因のひとつが、相手のチャージを「いなす」体の使い方です。

極端な喩えに聞こえるかもしれませんが、前方から右肩に激しいチャージを受けたら、その勢いを利用して右回りにくるりと体を回転させて、相手をかわす。彼らは実際に、そのような動きを身につけることでゴール前の密集地帯でも恐れることなくドリブルをしかけます。するとこんどは、そうした動きがフェイントとなって、相手ＤＦに「飛び込みにくい」と思わせることができるのです。「ぐにゃぐにゃした動き」と表現したら、みなさんもイメージできるでしょうか？

日本人選手なら、ガンバ大阪に所属する日本代表ＦＷ宇佐美貴史選手が同じようなドリブルをします。相手が体を当てて潰そうとしても、彼はそれをすり抜けることができる。その理由は、下半身にある程度の力を入れて「走る」「ボールタッチする」という動作を繰り返しながら、上半身はつねに脱力状態を保っていられるからです。だから、相手に体を寄せられても、それを「いなす」ことができるのです。

指導現場にいると、そのあたりの目的が曖昧であることを感じます。たとえばコーンを並べたドリブル練習で、もし笑いながらプレーしていたら怒られてしまうでしょう。でも、〝脱力〟を目的とするのであれば、むしろ笑いながらドリブルするほうがいいとも考えられます。

私の経験からは、与えられたトレーニング課題に対して真面目に取り組みすぎる子ほど、体の余計なところに力が入っていて、それが習慣化されてしまう傾向にあると感じています。つまり、頑張るほど、損をしてしまう。それではトレーニングをする意味がありません。

「強くしなやかな体幹」を実現するのは「良い姿勢」

「強くしなやかな体幹」と同時に身につけたいのが、「良い姿勢」です。

スペインと日本とを比較した際に体感するのは、日本には猫背の子供が多いということです。我が家では、つねに良い姿勢を保つための試みとして、私や妻が「腰骨《こしぼね》を」と言うと、長男や長女・彩笑（4歳）が「立てます！」と言いながら姿勢を正す習慣をつけてきました。椅子に座るときも、背もたれに背中をつけるのはNG。それほど強く意識させています。ところが……。

長男の小学校の入学式に参列してみると、周囲の子供たちはみな、驚くほどに姿勢が悪いのです。それから1週間後、長男の姿勢もどんどん悪くなり……。無意識のうちにまわりを見て学び、クラスメイトのまねをしてしまうのでしょう。

つまり、私たちは無意識のうちに姿勢が悪くなってしまう日常生活の中に生きているのです。姿勢が悪いことは、スポーツにおいてはネガティブな影響しかありません。サッカーで言えば、猫背のままプレーすることで、きわめて重要とされる「ルックアップ」(周囲の状況を確認するために上体を起こし、視界を広く確保すること)ができず、視野が狭くなってしまいます。

だからこそ、ふだんから強い意識をもって改善する必要があると思います。ちなみに私は、オフィスでデスクワークをするときはいつも、背もたれのないバランスボールに座っています。

「良い姿勢」は、ここまでお話しした「強くしなやかな体幹」や「重心移動」とも密接につながっています。一人ひとりがもって生まれた骨格にとって、最も合理的な姿勢を「良い姿勢」と定義するのであれば、それをつくることがサッカーをプレーするうえでも重要であることは間違いありません。

プレー中も、その選手にとって最も効率的な動きを引き出す姿勢を維持することができれば、最小限の筋収縮で動くことができ、その他の動作に力を注ぐことが可能になる。極端な猫背に代表されるような、その選手にとって合理的でない姿勢が身についてしまっているのであれば、それは「体を支えるために余計な筋肉を使ってしまっている」こととイコールです。その状態では、質の高い身体動作を表現することはできません。

人間の体の中で最も可動域の広い関節は、股関節と肩関節です。この二つを理にかなった形で有効に使うことができれば、「良い姿勢」や「強くしなやかな体幹」、あるいはスムーズな「重心移動」が可能になるのではないかと考えています。

その点をふまえて、この章では前述したような強くしなやかな体幹、良い姿勢、さらには肩関節と股関節の連動によってパフォーマンスを最大化するトレーニングメニューを紹介します。

NEYMAR's SUPPLE TRUNK

©アフロ

BUSQUETS' ACCURATE PASSING

©Maurizio Borsari／アフロ

GETTING AGILE BODY TRUNK

［体幹の脱力を習得する１］

頭にボールを乗せて静止

まずは、リフティングのテクニックとしてよく見られる技からご紹介します。ただし、今回はリフティングをする必要はありません。手を使って頭にボールを乗せて、バランスを保ちながらボールを保持する。これだけでオーケーです。オットセイのショーのイメージですね。

ポイントは、ボールの“重さ”を意識して、その重心を探りながら額に乗せることです。感覚としては、ボールの動きに合わせて頭の位置を“調整する”のではなく、ボールの重さを感じながら頭と体が勝手に“反応する”というほうが近いでしょう。

このトレーニングでは、必然的に良い姿勢をとろうとしますので、背筋がピンと伸び、正されます。同時に、体幹に余計な力が入っていてはうまくボールの“重さ”を感じられず、体がうまく“反応”してくれないため、必然的に脱力することを習得できます。

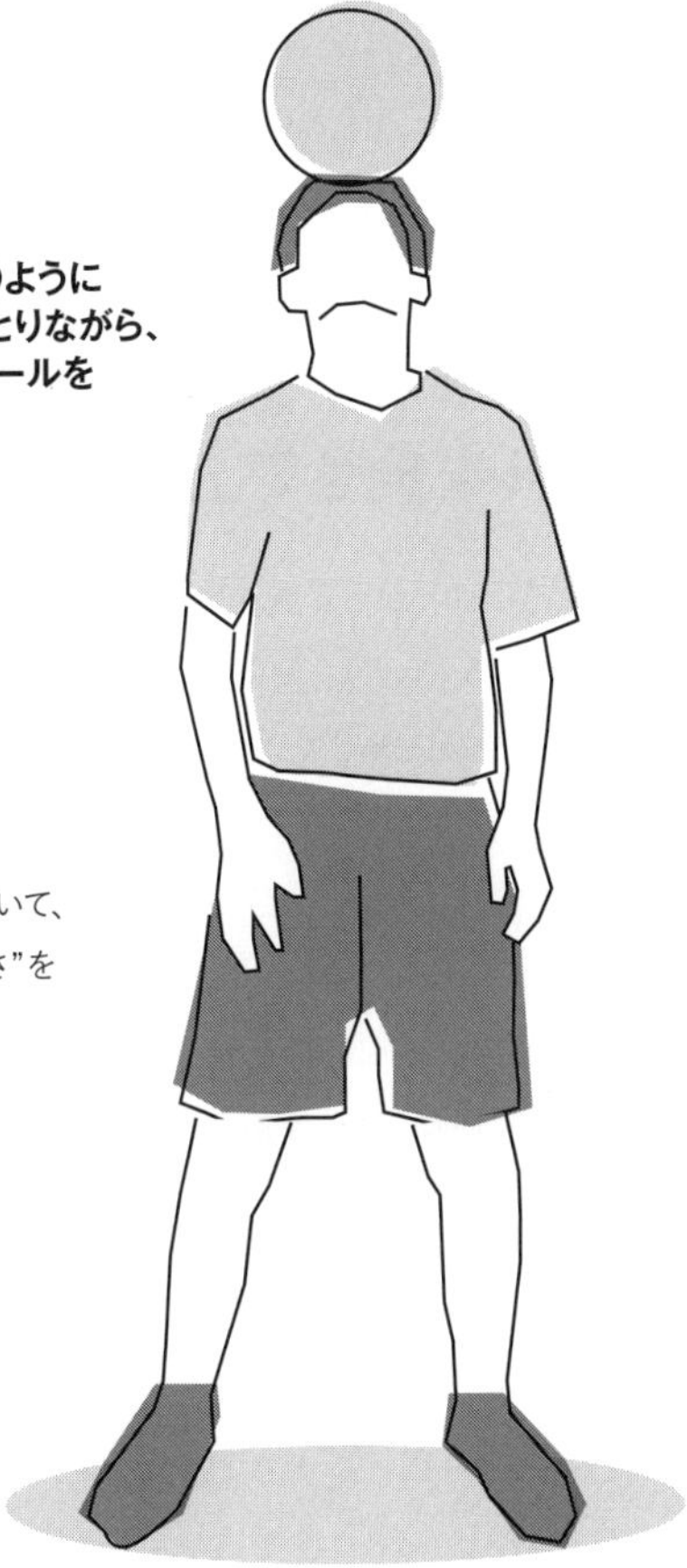

**オットセイのように
バランスをとりながら、
額の上でボールを
キープする**

POINT

全身の力を抜いて、
ボールの“重さ”を
感じる

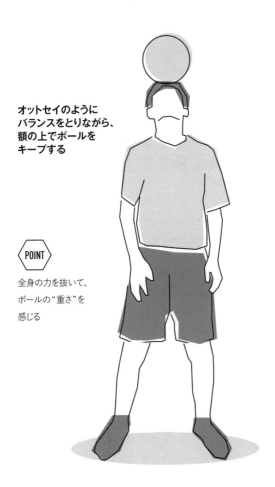

GETTING AGILE BODY TRUNK

［体幹の脱力を習得する２］

頭にボールを乗せて上体を動かす

「ボールを乗せるだけ」から発展させて、応用編のトレーニングに取り組んでみましょう。

まずは、ボールを頭に乗せたまま、上半身を前後左右に少しずつ動かしてみます。

コツは前項と同じです。ボールの“重さ”を感じながら、その重心を額でとらえつづけます。

最小限の筋収縮で上体を前後左右に動かし、あとはボールの動きに対して体が“反応する”のを待ちましょう。ボールに対して体を「動かす」のではなく、体が勝手に「動く（反応する）」ようになるまで、何回も何日も繰り返してください。

上体だけを動かしながら、
額の上でボールをキープする

POINT

動くボールに対して、体が勝手に
反応して動くイメージをもつ

GETTING AGILE BODY TRUNK

［体幹の脱力を習得する3］

頭にボールを乗せて下半身を動かす

このトレーニングでは、ボールを額に乗せたまま、上半身ではなく下半身を前後左右に動かします。あたかも、パントマイマーが架空の重い物体を動かそうとして、しかし動かないことを表現しているかのように、ボールの位置は動かさずに、下半身だけを前後左右に動かします。

まずは足踏みするところからスタートして、腰を回してみたり、前後左右にステップを踏んでみたりしてください。膝を曲げ伸ばししてみるのもいいでしょう。

脱力したりバランスをとったりする能力に加えて、空間認知能力も必要になってくるトレーニングですので、難易度はかなり高いですが、ぜひチャレンジしてみてください。

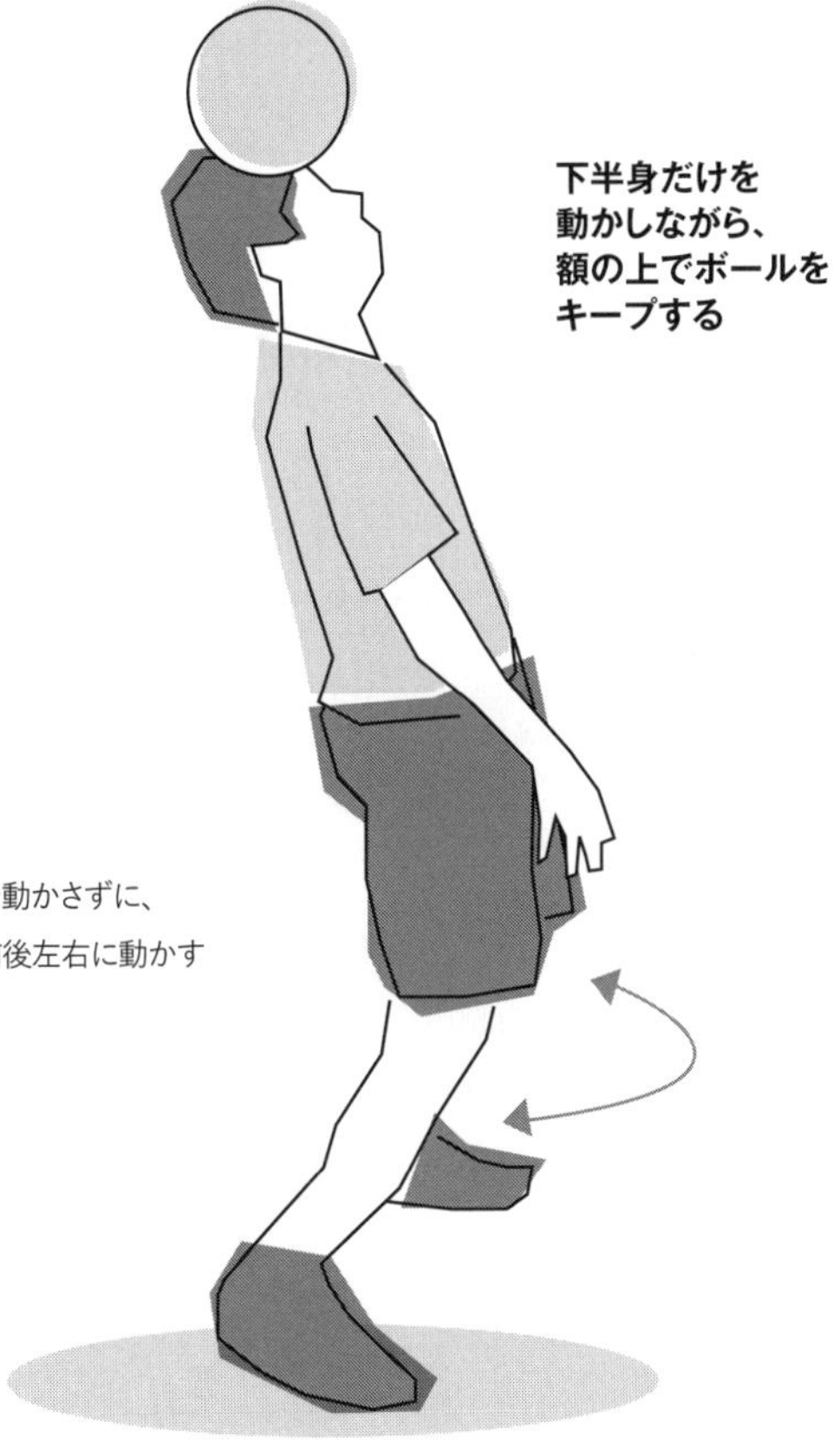
下半身だけを
動かしながら、
額の上でボールを
キープする

POINT

ボールの位置を動かさずに、
下半身だけを前後左右に動かす

GETTING AGILE BODY TRUNK

［体幹の脱力を習得する４］

頭にボールを乗せて前後に歩く

ボールを頭の上に乗せたまま、前方に歩きます。目標は10メートル。ボールの“重さ”を意識しながら、重心を額でとらえる感覚を覚えてきたら、比較的簡単にできるはずです。

前方向に歩くことができたら、こんどはバックステップで後ろに歩く、またはカニ歩きで横に歩くことにもチャレンジしてみてください。それぞれの動きによって、使う筋肉や背骨の動きは異なります。

トレーニングに「リレー」などのゲーム性をもたせると、子供たちは真剣に取り組み、上達のスピードも上がるでしょう。上手な子の体の使い方を「見て覚える」ように指導することもとても有効です。

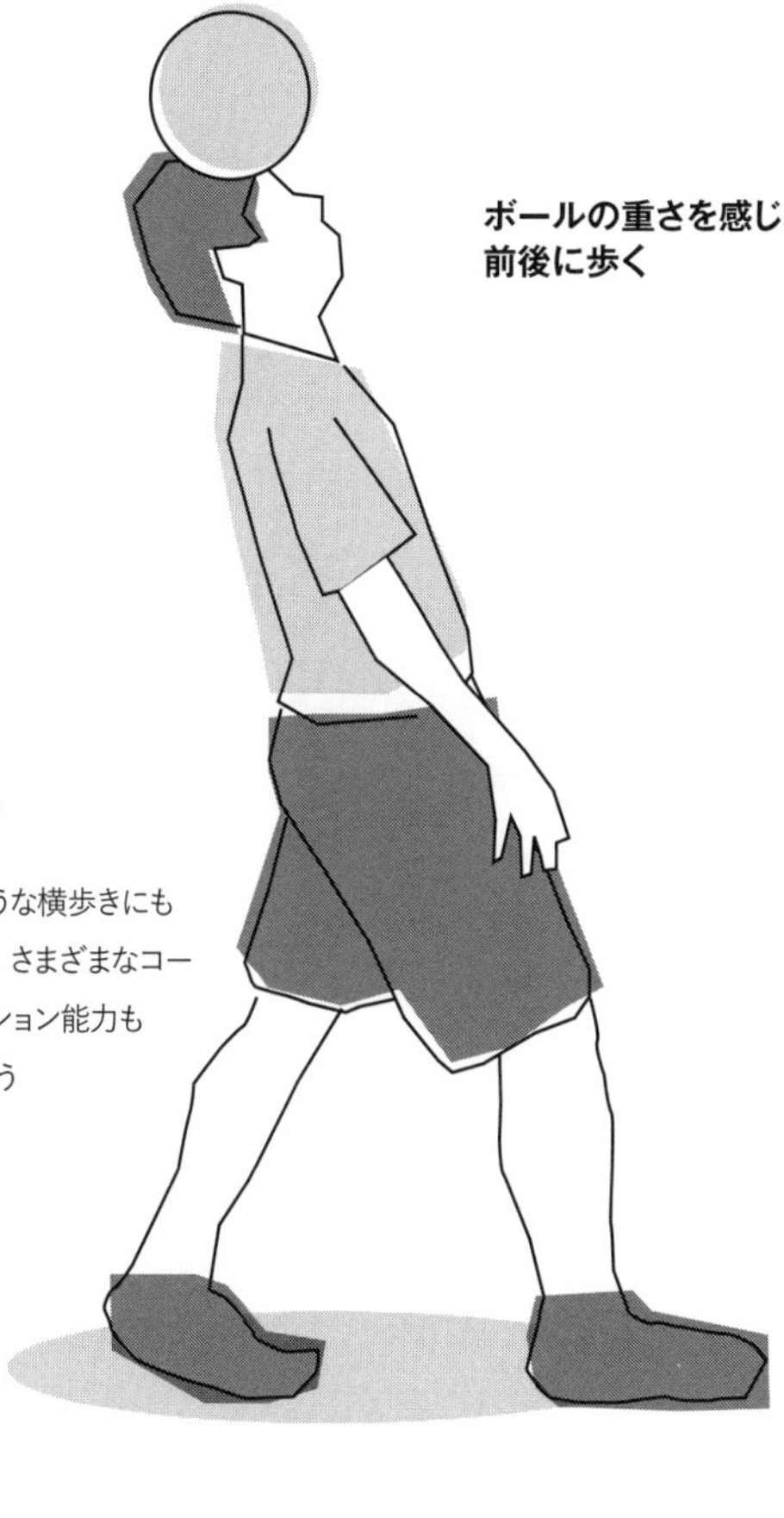

ボールの重さを感じながら、前後に歩く

POINT

カニのような横歩きにも挑戦して、さまざまなコーディネーション能力も同時に養う

GETTING AGILE BODY TRUNK

［体幹の脱力を習得する５］

頭にボールを乗せたまま座る

ここから難易度が一気に上がります。

このトレーニングでは立った状態で頭にボールを乗せ、そのまま腰を下ろして地面に座ります。

ポイントは、“土台”である下半身のバランスを失いながらも、上半身の良い姿勢をブレることなく維持することです。「立つ→座る→立つ」という動きができたら、つづいて「立つ→座る→腹ばいで頭を上げている状態→座る→立つ」にもチャレンジしてみてください。

これができれば、かなりの上級者です。このトレーニングの目的である「体幹の脱力」は、ほとんど手に入れていると言っても過言ではないでしょう。

ボールを額の上に
キープしたまま、座って立つ

POINT

全身を脱力し、体が勝手に
反応する感覚を大切に！

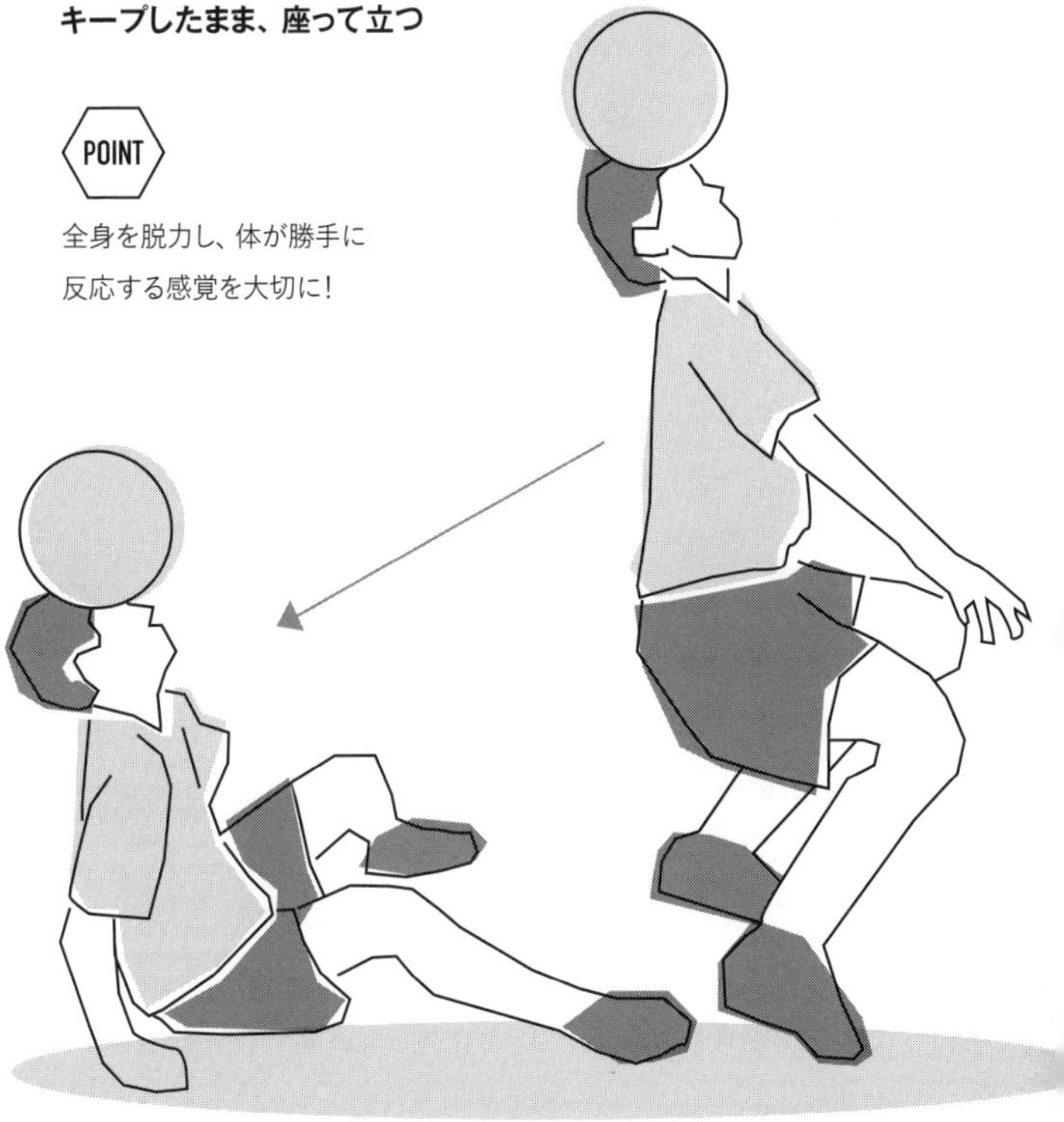

GETTING AGILE BODY TRUNK

［良い姿勢を習得する1］

肩車

ひと昔前は“根性系”のトレーニングとしてメニューに組み込まれていましたが、最近は体に対する負担の大きさから避けられる傾向にあります。確かに、私の学生時代には肩車をしたまま階段を上がるなど、育成年代の子供にとっては負担の大きいトレーニングメニューが存在していました。

私がお勧めする肩車は、ほんの数メートル歩くだけです。階段を上がるなどの負荷を与える場合は「筋力トレーニング」の色合いが濃くなりますが、この場合の目的はあくまで「良い姿勢の習得」に他なりません。肩の上に乗る“おもり”を支えるためには、背筋を伸ばし、自分にとって良い姿勢を保たなければなりません。それを実感することで、自分が最も力を発揮できる姿勢を、子供たちに覚えさせてください。

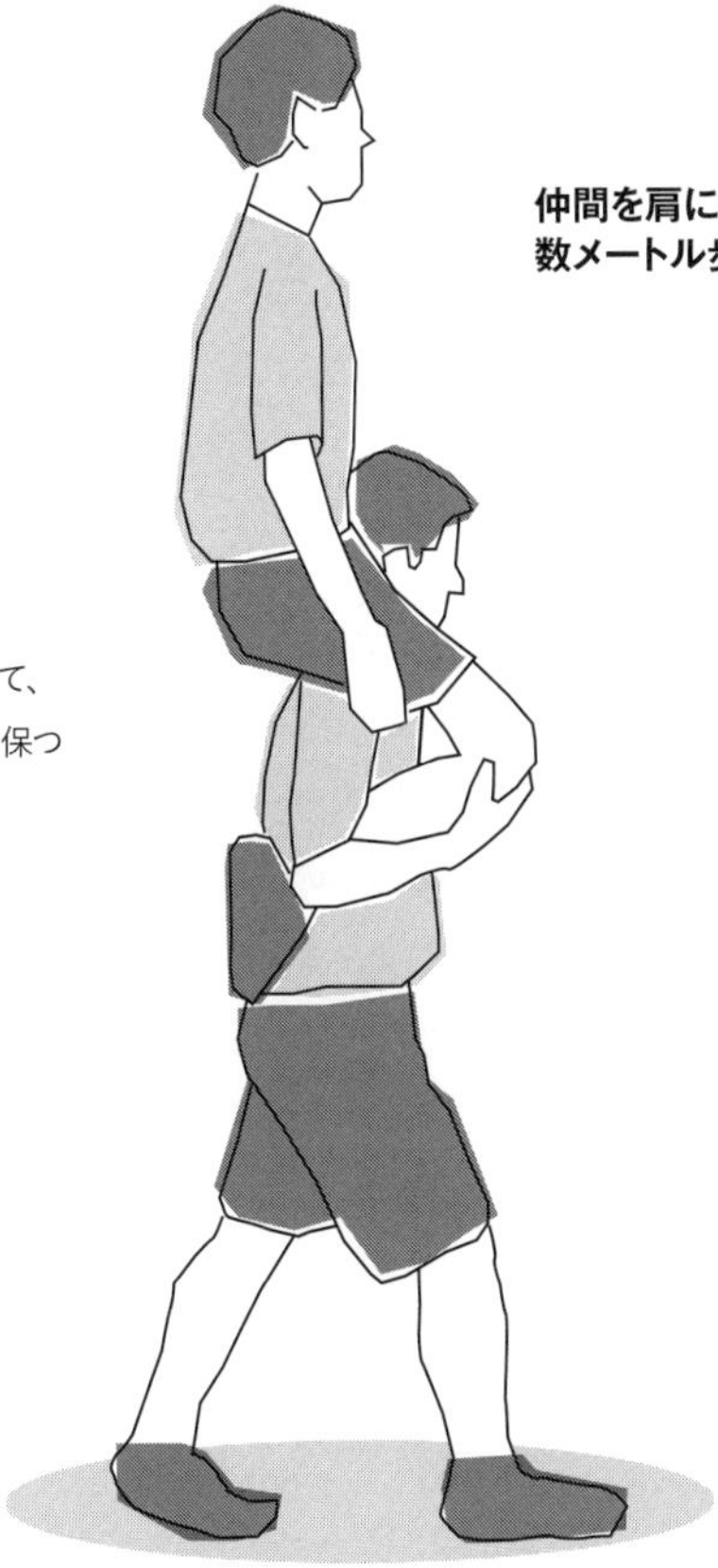

仲間を肩に担いで、
数メートル歩く

POINT

背筋を伸ばして、
「良い姿勢」を保つ

GETTING AGILE BODY TRUNK

［良い姿勢を習得する2］

逆立ち

自分の“重さ”を感じながら、それを支えようとする逆立ちは、体全体のバランス感覚を養ううえでとても効果的です。

肩関節の可動域を広げる効果や、腹筋、背筋などの筋力トレーニングとしても有効ですが、何より大切なのは「ボールを頭に乗せる」のと同じく、「自分の体の重さ」を実感してそれを支えるための体の使い方を覚えること。特に逆立ちは、体幹と腕のさまざまな部位に負荷を与えるため、全体のバランス感覚がなければ自分の体を支えることができません。

壁を支えにした「壁逆立ち」から始めて、慣れてきたら、次にその場で逆立ちを行います。目安を5秒間として立つことができたら、次は逆立ちのまま前方に歩くことにチャレンジしてみましょう。

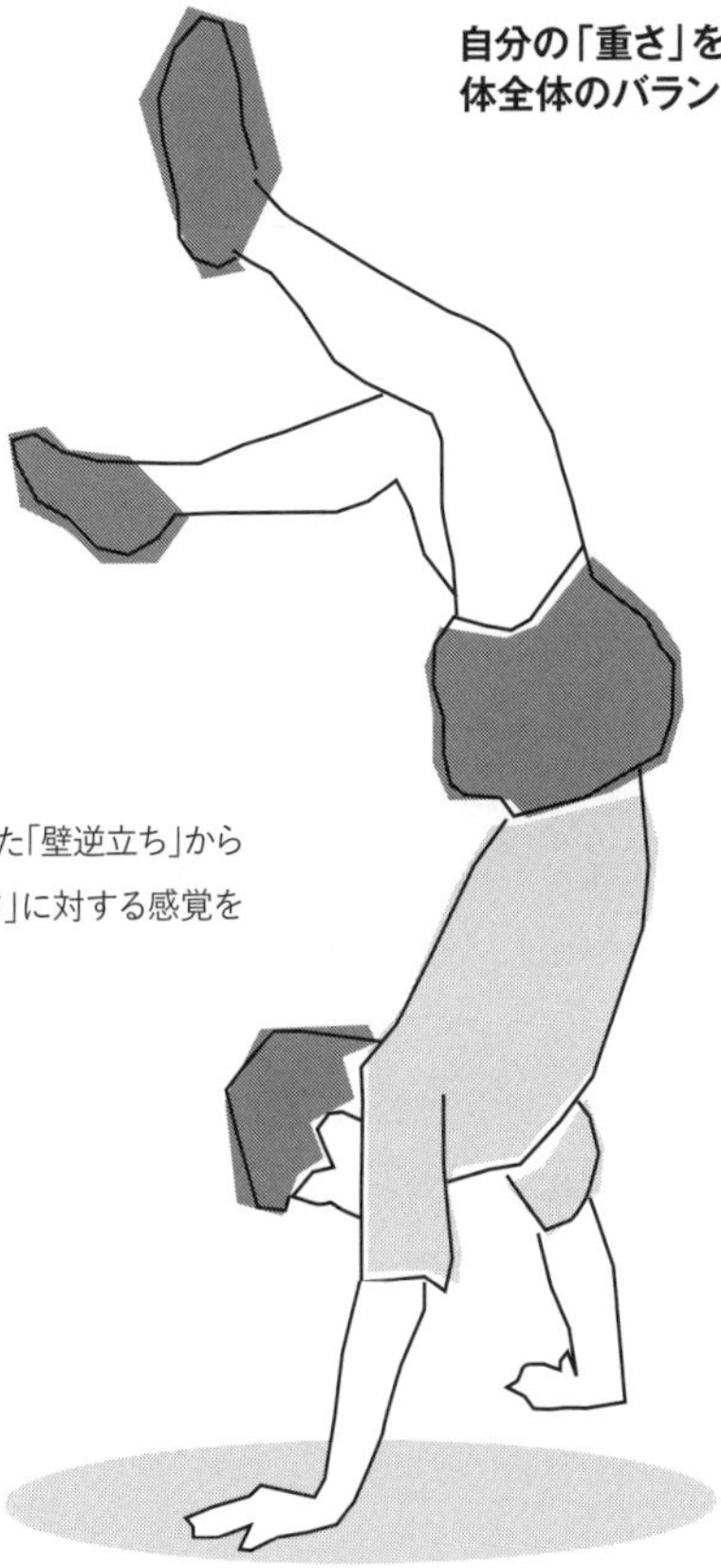

**自分の「重さ」を感じながら、
体全体のバランス感覚を養う**

POINT

壁を支えにした「壁逆立ち」から始めて、「重さ」に対する感覚を体得していく

GETTING AGILE BODY TRUNK

［肩関節と股関節の連動1］

ハイハイ歩き

姿勢を改善するのと同時に、肩関節と股関節の連動を習得するためのトレーニングです。

誰もが赤ちゃんのときにやっていた「ハイハイ」。それは、私たちのDNAに刻み込まれている進化の証です。実際にやってみるとよくわかると思いますが、猫背の状態でハイハイを行うことは、決して容易ではありません。逆に、ハイハイをつづけていると自然と背骨が理想のS字曲線を描くようになります。また、両腕と両脚をどのように連動させればいいかも、まったく考える必要なく、自然とできるのです。

それこそが、私たちの骨格に適した合理的な肩関節と股関節の連動動作です。私たちの身体が本来もつ合理的な姿勢や連動動作を再学習するために、じっくりゆっくり、そしてどんどんハイハイ歩きをしましょう。慣れてきたら後進（下がりながら）にも挑戦してみてください。意外と難しいですよ。

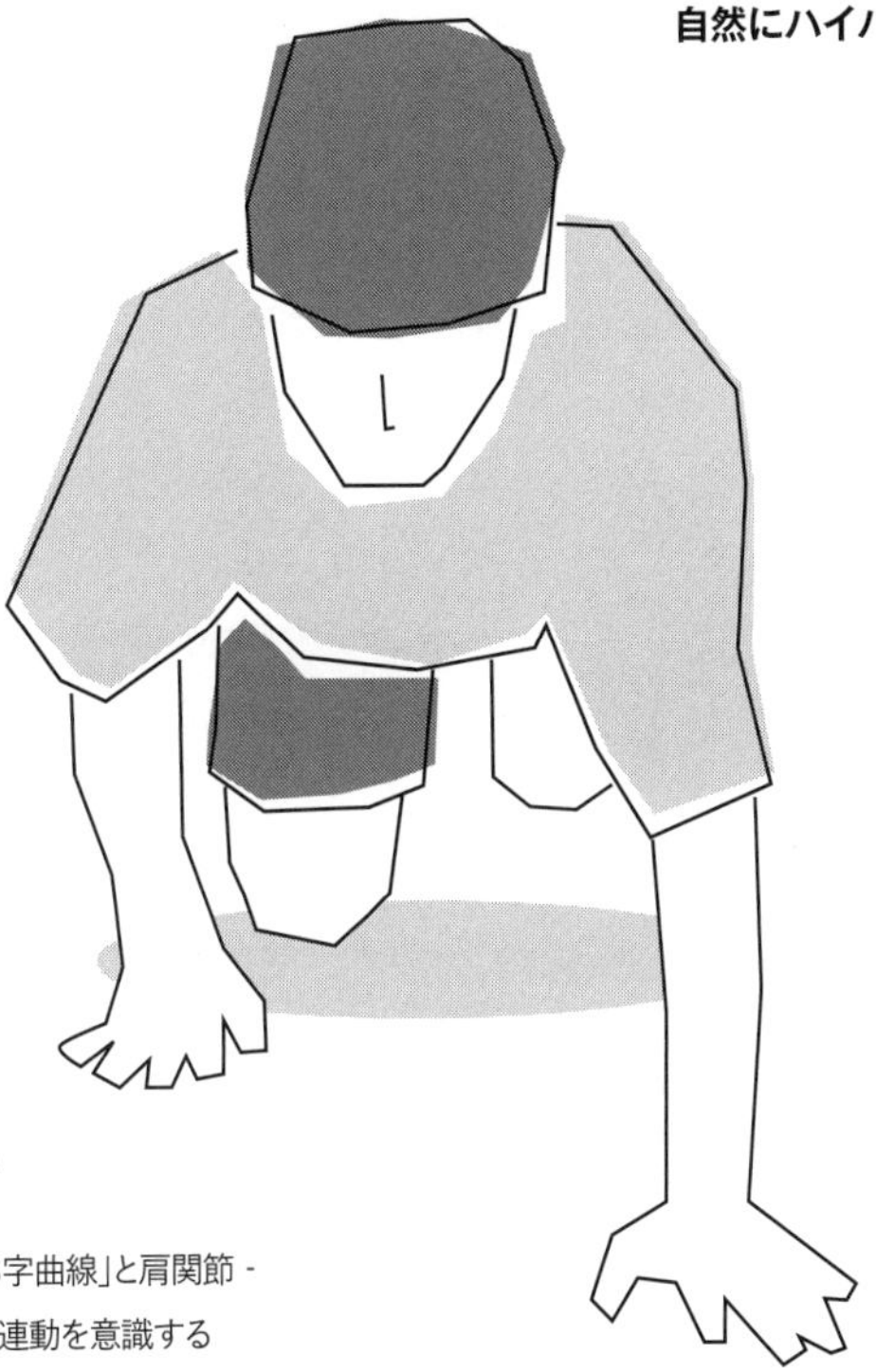
恥ずかしがらずに、
赤ちゃんのように

POINT

背骨の「S字曲線」と肩関節 -
股関節の連動を意識する

GETTING AGILE BODY TRUNK

[肩関節と股関節の連動2]

トカゲ歩き

「ハイハイ歩き」の応用編として、このトカゲ歩きもお勧めです。

ポイントは、ハイハイと同じ要領で肩関節と股関節を連動させること。うまくできないときは、少しハイハイをした後に、その流れでトカゲ歩きに“進化”させましょう。まさしくトカゲのように、背骨がユラユラと揺れながら前進できれば合格です。

股関節の可動域を広げるためにも、折りたたんだ脚を前にもってくる際に、折りたたんだ脚を体の（下ではなく）真横にもってくるようにするといいでしょう（動画参照）。

ハイハイ歩きと同様、慣れてきたら後進（下がりながら）にもチャレンジしてみてください。ハイハイ以上にトカゲ歩きの後進は難しいですよ。

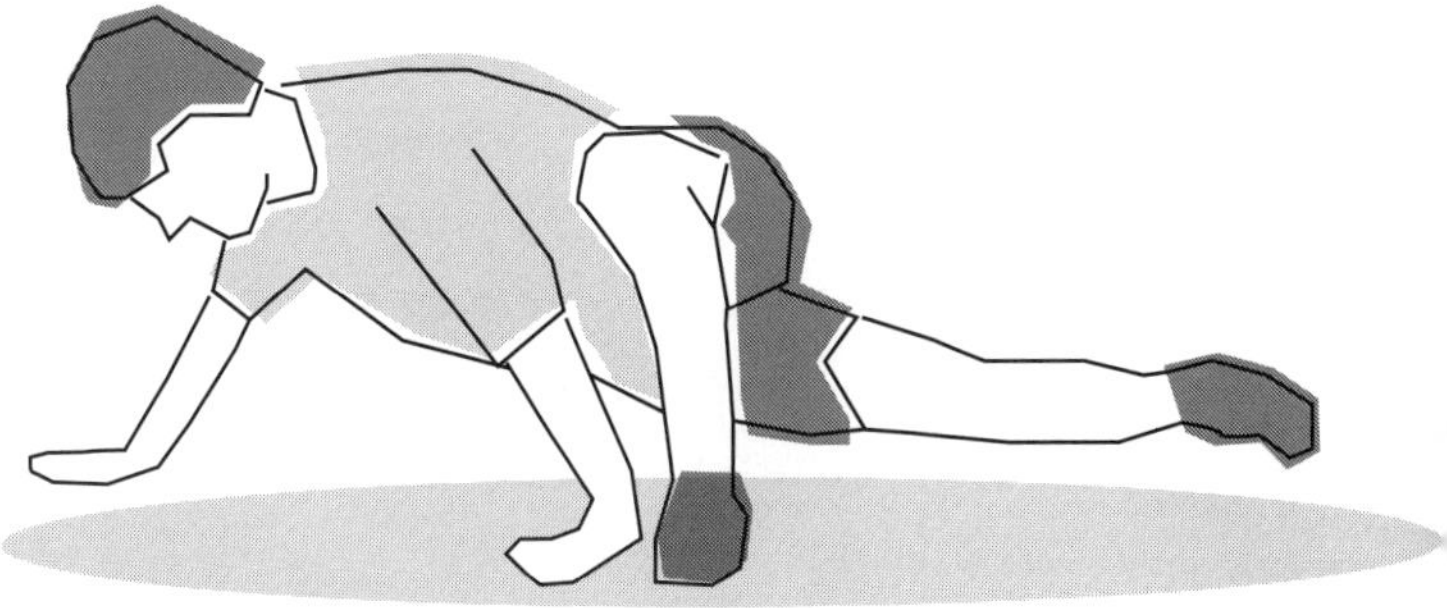

ハイハイ歩きから流れのままに
移行する

POINT

折りたたんだ脚を体の真横にもってくる

GETTING AGILE BODY TRUNK

［股関節をしなやかにする］

アヒル歩き

最後に、手を地面につけずに、上体を落としたまま脚だけを前に押し出すようにして進む「アヒル歩き」です。

この動きは「ハイハイ歩き」や「トカゲ歩き」とも少し異なる股関節の可動域を強化するトレーニングですが、良い姿勢を保ちながら、体重のかかる股関節を動かして前に進むのは簡単ではありません。視線を前方に向けることで、より良い姿勢が保たれることも伝えてください。猫背にならないように注意しましょう。

この動きにもスピードは必要なく、あくまで体のバランスを保ちながら、ゆっくり、大きく一歩を踏み出そうとすることが大切です。バランスのいい子を参考として、他の子供に「良い姿勢」について伝えられれば、効果がいっそう高まるのではないでしょうか。

上体をしずめたままかかとを地面につけ、脚だけを前に押し出すように歩く

POINT

視線を前方に向けることで、
より良い姿勢が保たれる

第6章

脳を活性化する「複雑課題」トレーニング

脳の働きに注目したトレーニング

さて、いよいよ本書でご紹介するトレーニングは最後の章に突入します。

ところで、みなさんは、「シナプソロジー」や「ライフキネティック」「速読」をご存じでしょうか？

この3つの中で最も有名なのは、「速読」かもしれません。速読とは、読んで字のごとく「速く読む」こと。本を読むスピードを最大化することで脳を刺激し、〝脳力アップ〟によってあらゆるパフォーマンスを高めるトレーニングです。

私自身も師事している速読コンサルタントの呉真由美さんは「スポーツ速読」という独自のプログラムを提唱し、プロ野球・横浜ＤｅＮＡベイスターズの三浦大輔投手やプロテニスプレーヤーの大西賢選手、サッカー界ではガンバ大阪に所属する日本代表ＤＦ丹羽大輝選手や鹿島アントラーズのＤＦ西大伍選手らをサポートしています。

つまり、脳の活性化がスポーツのパフォーマンス向上につながることは、すでに各ジャンルのトップレベルで証明されてきているのです。

脳の働きに注目するトレーニングは近年、大いに存在感を増してきています。

欧州サッカーに詳しい人なら耳にしたことがあるかもしれませんが、先に挙げた「ライフキネティック」もそのひとつ。ドイツの運動指導者ホルスト・ルッツが独自に研究開発した「運動と脳トレを組み合わせたエクササイズ」で、かつて日本代表MF香川真司選手が所属するボルシア・ドルトムントを率いたユルゲン・クロップ監督（現・リバプール監督）がトレーニングに採り入れたことで話題を集めました。

ライフキネティックを初めてサッカーに導入したのは、2004年にドイツ代表の監督に就任したユルゲン・クリンスマンだと言われています。ドイツ代表は以降、母国で開催された2006年ワールドカップで3位、2008年ヨーロッパ選手権で準優勝、ワールドカップ・2010年南アフリカ大会で3位、2012年ヨーロッパ選手権でベスト4、2014年ワールドカップ・ブラジル大会で優勝と、国際舞台で目覚ましい活躍を見せ、育成年代からは世界トップクラスのタレントが次々に輩出されてきました。

現在では、その華々しい戦績はライフキネティックを導入したトレーニングと無関係ではないという考え方が主流となり、ブンデスリーガで活躍する多くの指導者がこのトレーニングを採用していると言われます。このドイツを発信源として、今や欧州各国にも広まりつつある最新トレーニングのひとつです。

ここで詳細を説明することはできませんが、シンプルに言えば、ひとつのトレーニングの中に二つ以上の異なる運動や思考を組み込むことで脳を刺激・活性化し、あらゆる状況に瞬時に対応しうる判断力＝〝脳力〟アップを期待する方法です。同時に複数のタスクをこなすことを要求することから、そのようなトレーニングを「複雑課題トレーニング」とよぶことがあります。

「シナプソロジー」についても、考え方は似ています。

日本全国にスポーツクラブを展開する「ルネサンス」が独自に開発したプログラムで、「『2つのことを同時に行う』『左右で違う動きをする』といった普段慣れない動きで脳に適度な刺激を与え、活性化を図ります」（公式HPより抜粋）と説明されています。

実は私自身、このプログラムの講習会に参加したことがあるのですが、想像以上に有意義な経験でした。「速読」や「ライフキネティック」と同じく、「脳を刺激することでパフォーマンスを最大化させる」という考え方は、サッカーのトレーニングにも活かすことができると確信しています。

〝脳力〟アップでパフォーマンスを最大化する

現代サッカーでは、より速く、より正確にプレーすることが求められています。

それは、フィジカル的な能力に左右される〝走るスピード〟や、トレーニングによって裏打ちされる〝テクニック〟だけでは実現できません。加えて求められているのは、〝考えるスピード〟を高めること。刻一刻と状況が変わるグラウンド内で瞬時に正確な判断を下すことができれば、プレーのスピードはおのずと上がり、ミスは確実に減ります。

たとえば、正確無比なパスワークに定評のあるFCバルセロナのセルヒオ・ブスケッツは、走るスピードこそ決して速くありませんが、つねに的確な状況判断を下せるため、プレーのスピードは誰よりも速く、ミスはほとんどありません。

私たち人間にとって、考えるスピードや正確な状況判断の原動力となり、実際に体を動かす指令を出しているのは「脳」です。この命令系統のレベルが高まれば、その末端で命令に従って働いている体がレベルアップすることは間違いないでしょう。

パソコンの処理スピードを上げたいなら、〝脳〟に相当するCPUをハイスペックなものにすればいいですよね。それによってより多くのソフトウェアを同時に稼働させるキャパシティーが生まれ、快適な作業環境が整います。そう実感したことがあるパソコンユーザーは、きっと私だけではないでしょう。

人間も同じです。命令系統の中枢にある脳が、複数の課題をこなせるキャパシティーをもっていれば、より正確な状況判断をスピーディーに行うことができる。そうした脳に加えて、これまで本書で紹介してきたトレーニングによって培われた「自分の思いどおりに動かせる体」があれば、ひとつひとつのプレーの精度はより高まるはずです。

前章までは〝体〟に特化したトレーニングを紹介してきましたが、「化ける」ことを期待するならそれだけでは不十分です。この章で紹介する仕上げのトレーニングは、「脳の活性化」にスポットライトを当てています。

「できないこと」が脳を活性化させる

サッカーとはそもそも、連続的に「複雑課題」に直面するスポーツです。

チームメイトは自分を除いて10人おり、相手は11人いる。計21人+自分の動き次第でパスコースはたえず変化・増減し、動きの選択肢もプレーの選択肢も、無数に存在します。したがって、特別なことを考えずに「ただサッカーをプレーするだけ」でも、十分に複雑課題をこなす〝脳トレ〟につながっていることは間違いありません。

しかし、サッカーには「ミスが失点につながる」というリスクがつねに内在するため、積極的に〝脳トレ〟に取り組むためには設定を変える必要があります。「シナプソロジー」の講習会で耳にしたインストラクターの言葉を拝借すれば、「できないことこそ、脳を活性化させる」。〝ゲーム〟としてのサッカーをプレーする際には、よりスピーディーで、より正確なプレーが求められます。もちろん、ゴール前のチャンスや相手との1対1の局面ではリスクを負ったプレーも必要ですが、基本的には、チームプレーの精神に基づいて、ミスを回避しながら正しくプレーしなければなりません。

しかし、脳に刺激を与えて〝脳力〟を高めるためには、むしろ積極的にミスが生まれる環境が求められます。サッカーの〝ゲーム〟をふつうにプレーするだけでは、脳にとっての難易度が十分ではなく、適度にミスが生じうる〝ギリギリ〟の設定に変更する必要があるのです。

そこで、いざ、実際のサッカーの試合中にリスクを負ったプレーを選択する場合に備えて、トレーニングでは「ミスが出てもおかしくない難易度」に設定します。この章では、〝ゲーム〟を前提とするサッカーの本質からいったん離れ、ミスを奨励する複雑課題をトレーニングメニューとして紹介します。

このトレーニングは、たとえばウォーミングアップの一環として組み込むことをお勧めします。ミスを奨励するトレーニングは子供たちの笑顔につながり、それはこれから行う〝ゲーム〟としてのサッカーを楽しむうえでいい雰囲気づくりにもなりえます。

指導者のみなさんも、ぜひ子供たちと一緒に「複雑課題トレーニング」を体感してみてください。頭がかゆくなるというかムズムズするというか……、〝できない自分〟を思わず笑ってしまうようなトレーニングをこなすことで、脳が活性化されていることを実感できるはずです。

継続的に行うことで脳のスペックは高まり、情報処理能力は飛躍的に向上するでしょう。複数の課題を同時に処理することに脳が慣れるということは、つまり、マルチタスクをこなす能力を必要とするサッカーに適した脳の使い方を学ぶことに直結するのです。

複雑課題によって得られる「心のリラックス」

複雑な課題を同時にこなして〝脳力〟を高めようとする試みは、実は、第2章などでお話ししている「心の鍛錬（＝リラックス）」とも密接につながっています。

本書が目的としているのは、子供たちのパフォーマンスを最大限に引き上げ、「化けたい」と願う子を化けさせること。そのためには、「思いどおりに動く体」と「心の鍛錬」が必要であると述べました。

何度もお話ししているとおり、サッカーの本質は〝ゲーム性〟に由来する相手との駆け引きにあります。したがって、駆け引きの質を高めれば、プレーそのものの質を高めることができる。私はそう確信しています。

複雑課題による脳トレは、駆け引きの質を高めるためにきわめて有効です。脳の回転スピードを高めることで、駆け引きの局面でいくつもの選択肢をもつことができ、それを瞬時に判断できる、あるいは、相手の動きをギリギリまで見極めたうえで自らのプレーを選択することができる。だからこそ脳トレは、プレーのレベルを高めることにつながり、〝後出しジャンケン〟を可能にする下地をつくってくれるのです。

しかし、そもそも駆け引きの局面で「ギリギリまで見極める」ことは、選手にとってはとても怖いことです。サッカーはチームスポーツですから、ミスをしてボールを奪われたくないという心理は、どんな選手でももっています。そのような気持ちが、早めに、かつ安全な選択肢を選ばせたり、または、ボールに視線を落とすといったプレーにつながり、結果的には相手との駆け引きを避けようとするという悪しき習慣を生み出しかねません。

それでも、飛躍的なレベルアップを遂げるためには、ギリギリの駆け引きの質を高めていかなければなりません。そのためには、ギリギリの駆け引きを日常的に行い、それを習慣化させることが必要であると思うのです。練習でできないことは、決して試合ではできないのですから。

もっとも、ミスを恐れない、ミスを容認するという雰囲気をトレーニングでつくるのは、簡単ではありません。それを実現するのが、ミスを前提とし、脳トレを目的とした複雑課題トレーニングです。

心のリラックスは、体のリラックスに直結しています。みなさんもきっと、緊張からくる体のこわばりを感じ、その結果思うようにプレーできないという経験をされたことがあるでしょう。

これを克服するためにも、子供のうちから日頃のトレーニングによって心を鍛錬することが、とても大切であると私は思います。

そしてそれは、複雑課題によって習得することが可能なのです。

「難しくする」ではなく「スパイスアップする」

イメージしやすいように、具体例を挙げましょう。

家族で出かけた際に、車中でこんな遊びをしました。

「『あ』で始まる言葉を挙げて！　思いついたらどんどん言ってください。一人何個でも言ってオーケー！」

大人である私と妻はともかく、長男は3～4個挙げたところで「あーあーあー」と考え込み、私が挙げたものに対して「それ言おうと思ってたのに！」と口惜《くや》しがります。次の言葉が思いつきそうで思いつかないこの状況こそ、脳に適度な刺激が与えられている状態です。

シンプルかつミスを奨励する環境をサッカーでつくる――なかなか難しい課題ではありますが、本章で紹介する例を参考に、オリジナルのメニューも考えてみてください。

ところで、私が講習会に参加した「シナプソロジー」では、トレーニングの難易度を上げる際に「難しくする」という言葉を使わないようにしています。インストラクターが発する表現は、「スパイスアップする」。

課題に対して「できなければいけない」という考え方を排除するため、言葉選びについても細心の注意を払い、研究しているそうです。課題をうまくこなせていないときこそ、インストラクターから「今、脳が活性化していますね!」という声をかけられます。これは、指導者としての私にとって、非常に面白い経験でした。

それでは、実際のトレーニングに移りましょう。脳を活性化するために、ミスを奨励する。そうした観点から考案されたトレーニングであることを念頭に置いて、みなさんもぜひ、子供たちと一緒に取り組んでみてください。

BRAIN WORKOUT

［脳トレ1／1人］
数えリフティング

リフティングをしながら、たとえば以下のような条件に従いつつ声に出して数字を数えます。

- 「3」と「5」の倍数を数えない（動画では、このパターンを実践）。
- 「5」と「6」の倍数を数えるが、声には出さない。
- 「5」の倍数を声に出さず、手を叩く。
- 「29」から1つずつ引きながら数えていく。「5」の倍数を数えるが、声に出さない。
- 「5」と「6」の倍数でヘディング。
- 「5」の倍数でヘディング。「6」の倍数を数えるが、声に出さない。

リフティングはワンバウンドさせてもかまいません。ミスをしても、そこでやめずに続けましょう。目安は30回。

難易度は、「手を叩く」や「声に出さない」回数の調整、または、「インサイドのみ」「インサイド→アウトサイド」などタッチできる部位の設定によって調整できます。脳は失敗によって活性化するので、レベルに応じて適度な課題を見つけてみましょう。

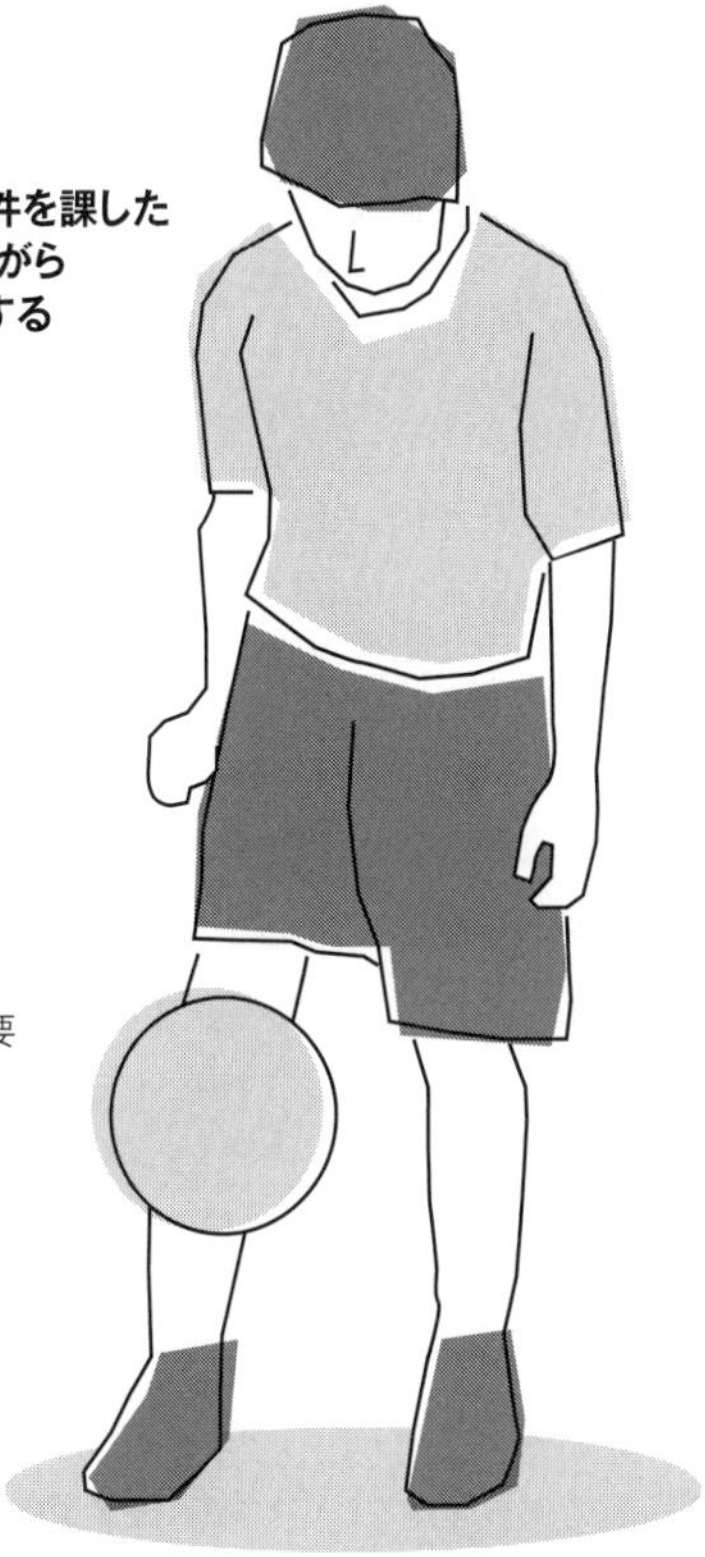

さまざまな条件を課した
数字を数えながら
リフティングする

POINT

ミスをしても、
途中でやめずに
続けることが重要

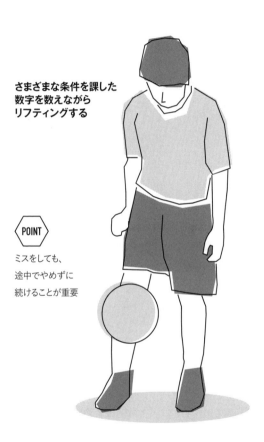

BRAIN WORKOUT

［脳トレ２／１人］

九九・リフティング

「いんいちがいち」「いんにがに」と、掛け算の「九九」をつぶやきながらリフティングを行います。リフティングが得意な子なら、「いん」「いちが」「いち」で3回タッチするリズムが理想的です。

九の段の最後までつづけられるようにチャレンジしてみましょう。途中で失敗しても、九九を最初から言い直す必要はありません。失敗したところからリスタートしましょう。

リフティングが苦手な子はバウンドさせながらでもかまいませんが、その場合も、九九をつぶやくリズムは上記と同じです。

「くくはちじゅういち」からスタートして一の段に遡るルールにすることで、難易度を上げることができます。キックの制限などを加えるとさらに難しくなりますが、大切なのは「適度な難易度で失敗すること」であることをお忘れなく。

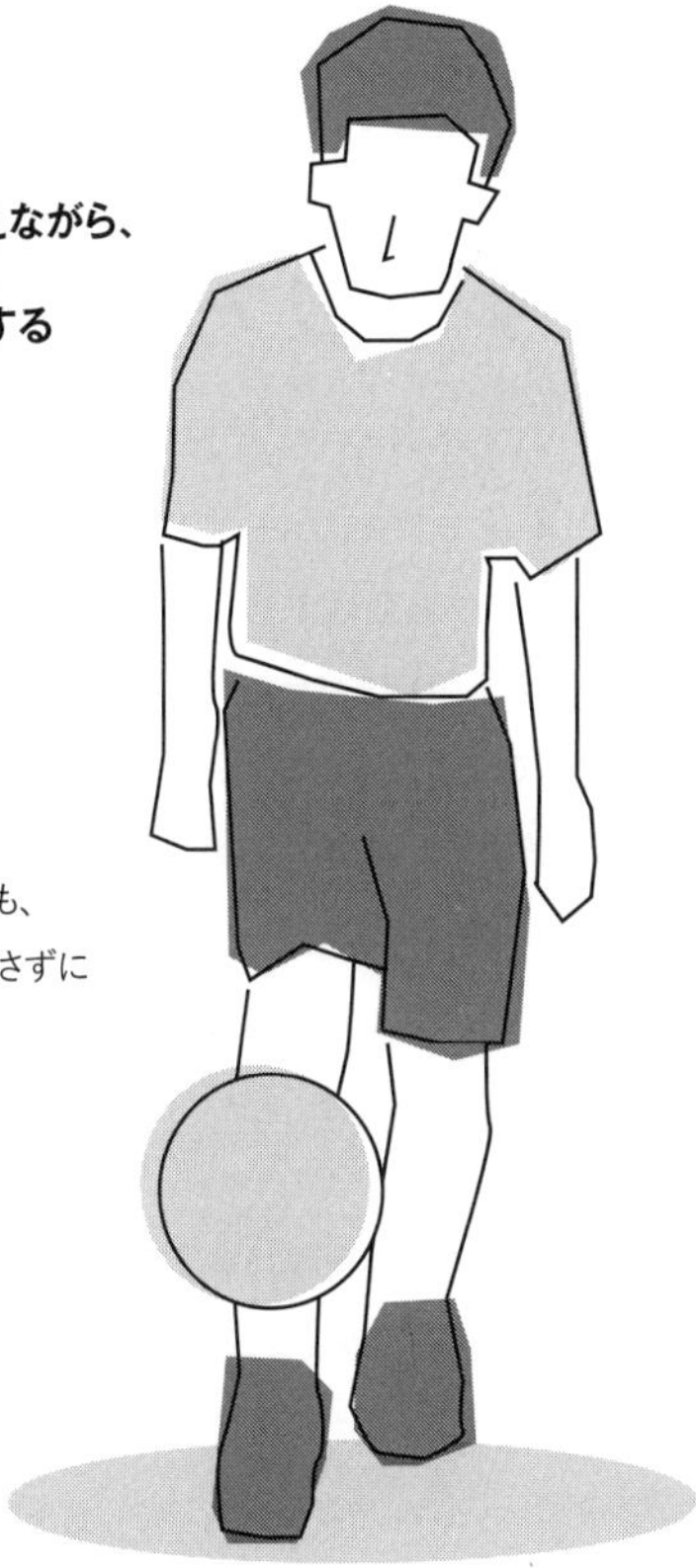

**「九九」を唱えながら、
テンポよく
リフティングする**

POINT

途中で失敗しても、
最初から言い直さずに
継続する

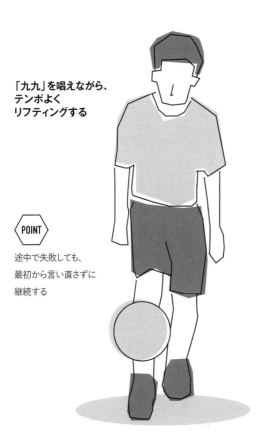

BRAIN WORKOUT

［脳トレ３／１人］

ジャンケン・リフティング

両手を使って、ジャンケンをしながらリフティングします。加える条件は、「右手を後出しすること」と「必ず右手が勝つこと」。想像するだけで脳がムズムズするのがおわかりいただけるかと思いますが、実際にトライしてみるとかなり難しいリフティングです。

このトレーニングでも、バウンドさせながらのリフティングでかまいません。大切なのはリフティングと同時に“後出しジャンケン”を行うこと。「必ず右手が勝つ」という条件が加わっていることで、脳が刺激されていることがよく理解できます。

慣れてきたら、「必ず右手が負ける」や「左手を後出しする」などに条件を変えてみましょう。「大人対子供」の対抗戦で実践すると盛り上がりますので、脳と体を刺激するウォームアップとしてもお勧めです。

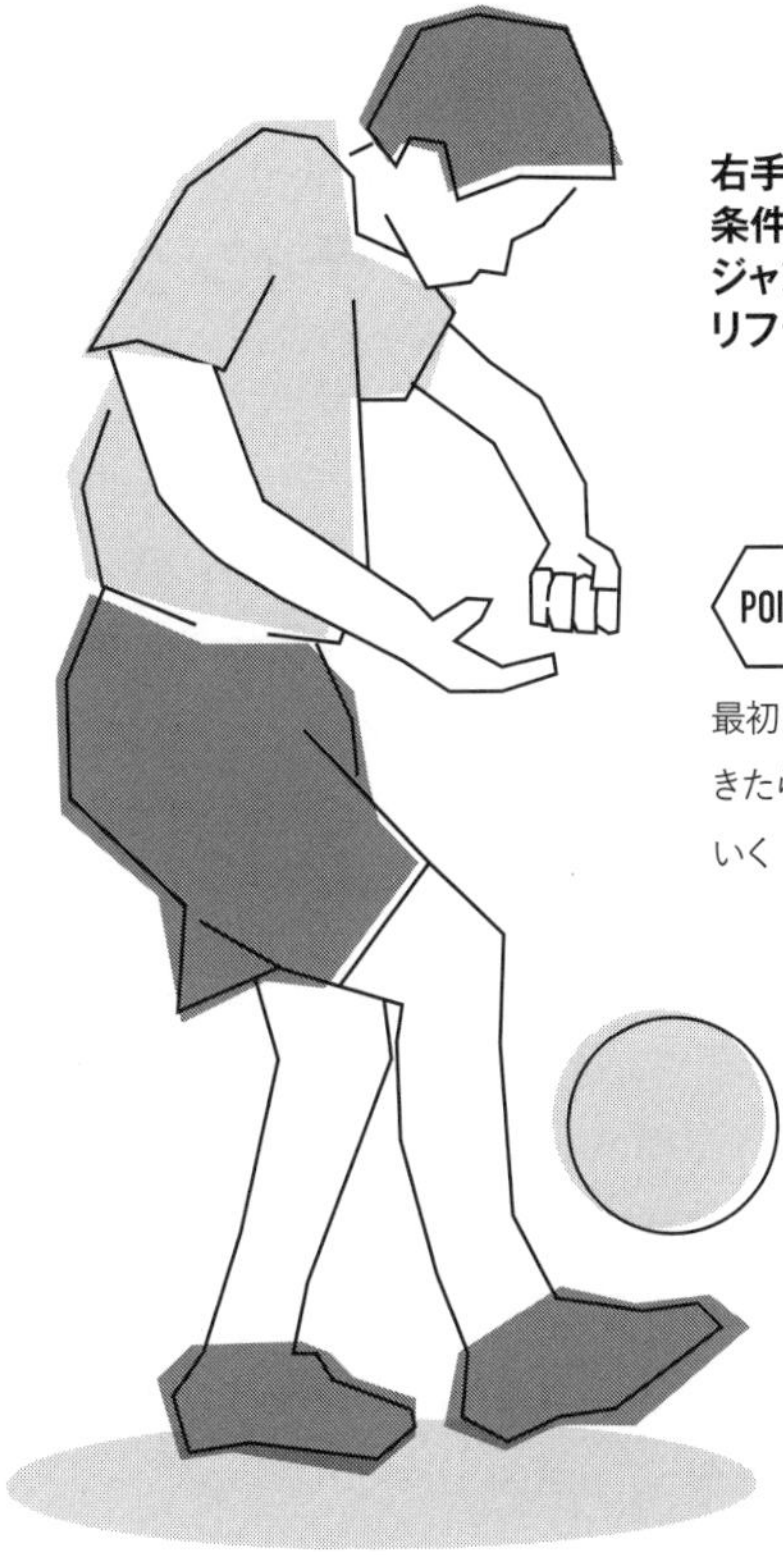

右手と左手で、
条件に合わせた
ジャンケンをしながら
リフティングする

POINT

最初はゆっくり。慣れてきたら、テンポを上げていく

BRAIN WORKOUT

［脳トレ4／1人］

感覚混乱・リフティング

サッカーボールとテニスボールを1個ずつ用いて、「サッカーボールを左足で2タッチしてキャッチ→テニスボールを右足で2タッチしてキャッチ」というルールでリフティングをします。サッカーボールとテニスボールでは大きさや重さ、硬さが違うため、同じ感覚で蹴ろうとするとうまくできません。その瞬間に脳を切り替え、感覚を適応させるトレーニングです。

「サッカーボールを左右で1タッチずつ→テニスボールを左右で1タッチずつ」など、条件を変更することで適度な難易度を設定できるでしょう。

テニスボールではなく、「サッカーボールの5号球と3号球」など、大きさの違うボールを使うのも一手です。難易度をさらに上げるなら、丸めた新聞紙や靴下など、ボールではないものを使っても面白いかもしれません。

大きさや重さ、
素材の異なるボール
（物体）を使って
リフティングする

POINT

素材や重さごとに異なる
感覚に合わせて、
キックを調整する

BRAIN WORKOUT

［脳トレ５／２人］

国名／県名・リフティング

ここからは、2人一組でのトレーニングです。

「国名／県名・リフティング」では、相手にパスをする際に「国!」または「県!」と言います。パスを受ける側は、「国」と言われたならある具体的な国名を、「県」と言われたなら県名を言いながらボールを受け、パスを返す際に国か県かを指定します。ふたたび受ける側が具体的な国名／県名を言いながらボールを受け……を繰り返します。互いに地面にボールを落とさないようにしながら頭を使い、指定されたキーワードを瞬時に声に出さなければならない複雑課題トレーニングです。

最初はタッチ数の制限なしでかまいませんが、慣れてきたら「5タッチ以内でパスを返す」などルールを厳しくしましょう。たとえば「国」をヨーロッパ限定、「県」を本州限定などにするとゲーム性が増します。

「ギリギリできない」くらいの難易度が理想的ですので、子供たちのレベルに合わせてうまく調整するようにしましょう。

一方が「国」または「県」を指定してパス。受ける側はボールを地面に落とさないようリフティングしながら、「国名」または「県名」を答える。ボールを返す際に再度、「国」または「県」を指定する

POINT

慣れてきたらタッチ数を制限して、難易度を上げていく

BRAIN WORKOUT

［脳トレ６／２人］

温かい／冷たい・リフティング

2人一組でリフティングをしながら、パスをする際に「温かい」もしくは「冷たい」を指定します。パスを受ける側は、「温かい」と指定されたら「温泉」など、「冷たい」を指定されたら「氷」などと言いながらボールを受け、パスを返す際に「温かい／冷たい」を指定します。

このトレーニングのバリエーションは多く、指定ワードを変えることで、難易度や楽しめる度合いを調整できます。たとえば、「家の外にあるもの」と「家の中にあるもの」という区分など、脳にとって“ギリギリの難易度”となるような組み合わせを考えてチャレンジしてみてください。

リフティングは、ワンバウンドで行ってもかまいません。その場合でも、ミニ・テニスコート内でリフティングをするなど、動ける範囲を限定することで、難易度を調整可能です。

**一方が「温かい」または「冷たい」を指定してパス。
受ける側はボールを地面に落とさないよう
リフティングしながら、「温かいもの」または
「冷たいもの」の名称を答える。 ボールを返す際に
再度、「温かい」または「冷たい」を指定する**

POINT

指定ワードの変更、またはコートの広さを
調整するなどの方法で難易度を変える

BRAIN WORKOUT

［脳トレ７／２人］

4動作指定・リフティング1

たとえば下記のように、あらかじめ4つの動作を指定します。

①両足のインサイドを交互に1回タッチする。

②両足のアウトサイドを交互に1回タッチする。

③しゃがんで両手で地面を触る。

④ジャンプする。

リフティングをしながら、パスをする際に①～④のいずれかの数字を言います。パスを受ける側は、最初のボールタッチをする前に、指示された数字の動作をしなければなりません。

難易度の高いトレーニングですので、慣れるまではワンバウンドでもかまいません。難易度を上げる場合には、動作を複雑にしたり、リフティングを「ツータッチのみ」にしたりするなどしましょう。

一方が「1～4の数字」を指定してパス。
受ける側は最初のボールタッチを行う前に、
指定された動作を行う

POINT

リフティングをツータッチのみに制限するなど、難易度はいくらでも上げられる

BRAIN WORKOUT

［脳トレ８／２人］

4動作指定・リフティング2

あらかじめ4つの動作を指定するのは前項と同じですが、こんどはその指示を英語で行います。

たとえば「ツー」と言われたら、ボールを受ける側は最初のタッチをする前に、両足のアウトサイドを交互に1回タッチしなければなりません。

頭の中では指定された英語の数字を日本語に置き換え、それを瞬時に実行するという複雑課題が課されることになります。

最初はリフティングを何度行ってもいい「フリータッチ」とし、その後は「5タッチ以内にパス」「3タッチ以内にパス」などのように、少しずつ難易度を上げていきましょう。

一方が「1～4の数字」を英語で指定してパス。
受ける側は最初のボールタッチを行う前に、
指定された動作を行う

POINT

「英語→日本語」の置き換えに注力する

BRAIN WORKOUT

[脳トレ９／２人]

4動作指定・リフティング3

前項の英語バージョンにスペイン語（1＝ウノ、2＝ドス、3＝トレス、4＝クワトロ）を加え、日本語、英語と合わせて3つの言語で4つの動作を指定します。パスを送る際には、「いち」「スリー」「クワトロ」など、どの言語で指定してもかまいません。パスを受ける側にとっては、言語が増えることで頭の中で瞬時に判断しなければならない課題が増えることになります。

まずは言語を覚えるところからスタートしますが、ポイントはその場で覚えた「短期記憶を体現すること」にありますので、知らない言語のほうが効果が高まります。前項と同じく、最初はリフティングを何度でもしていい「フリータッチ」 とし、その後は「5タッチ以内にパス」「3タッチ以内にパス」と、徐々に難易度を上げていきましょう。

一方が「1～4の数字」を3つの言語のいずれかで指定してパス。受ける側は最初のボールタッチを行う前に、それらに対応する動作を行う

POINT

増えた言語の処理を考えながら、瞬時に判断する

BRAIN WORKOUT

［脳トレ10／2人］

ファーストタッチ指定・リフティング1

あらかじめ4つの動作を指定するのは前項までと同じですが、こんどは「①右足アウトサイド」、「②右足インサイド」、「③左足インサイド」、「④左足アウトサイド」と設定し、「相手に言われた数字の部位を使ってリフティングのファーストタッチをしなければならない」というルールを設定します。足だけでなく、「胸」や「頭」などを設定してもかまいません。

最初は「フリータッチ」とし、その後は「5タッチ以内にパス」「3タッチ以内にパス」と徐々に難易度を上げてみてください。

また、4つの動作の設定は変えずに、「言われたことと逆のことをする」というルールに変えて難易度を上げる方法もあります。「①（右足アウトサイド）」と言われたら、左足インサイドでファーストタッチを行うわけです。「なんだっけ?」と言いながら失敗するようなら、このトレーニングは大成功です。

一方が「1～4の数字」を指定してパス。
受ける側は数字に対応する部位でファーストタッチして
ボールをコントロールする

POINT

タッチ数を徐々に制限することで
難易度を上げていく

BRAIN WORKOUT

［脳トレ11／2人］

ファーストタッチ指定・リフティング2

「ファーストタッチ指定・リフティング1」で使った①〜④の動作を、こんどは言葉で指定します。「右アウト（「右足アウトサイド」の意）」「右イン（右足インサイド）」「左イン」「左アウト」という具合です。

ボールをパスする際に「左イン」などと言い、受ける側はそれに該当する部位でファーストタッチをした後にリフティングをします。慣れてきたら、動画で行っているように完全英語バージョンとし、「ライトイン（右足インサイド）」「ライトアウト」「レフトイン」「レフトアウト」と指定するようにします。

「言われたことと逆のことをする」というルールに変えて、難易度を上げる方法もあります。たとえば「ライトイン」と言われたら、「レフトアウト」でファーストタッチを行うわけです。なかなか難しいですが、そのぶん“脳トレ”としての効果も大きくなります。選手のレベルに合わせて難易度を調整し、子供たちのあいだで自然と笑いが起きる環境をつくりましょう。

ボールをパスする際に「右イン」「右アウト」「左イン」「左アウト」のいずれかを指定し、パスを受ける側は指定された部位でファーストタッチをしてリフティングを行う

POINT

言語を変えるなどして、
難易度を上げていく

BRAIN WORKOUT

［（番外編）目トレ］

お手玉（with九九）

番外編として、“目のトレーニング”を通じて脳を刺激するメニューをご紹介します。最近の子供たちにとってはあまり馴染みがないかもしれませんが、テニスボールを用意して「お手玉」をやってみましょう。

目は、脳と強い結びつきをもっていると言われます。複数のボールの動きを同時にとらえなければならないお手玉は非常に有効です。

お手玉ができるようになったら、「『九九』を言いながら」という条件を加えます。頭の中で九九を考えながら、目から飛び込んでくる情報に対してアクションを起こすという複雑課題は、とても難しいトレーニングとなります。お手玉をやりながらパス交換をするというメニューも効果的でしょう。「いくつかの課題を同時に行う」というテーマにそって、さまざまな工夫を凝らしながらチャレンジしてみてください。

「九九」を唱えながら
お手玉する

POINT

視界で複数のボールをとらえながら、同時に他の行動を行う

おわりに

思い返せば、私が「身体動作」に興味をもちはじめたのは、まだバルセロナに住んでいる頃でした。

私の以前のブログ「日本はバルサを超えられる」を読み返してみたところ、2007年頃から日本から取り寄せた身体動作関連の書籍を読み漁ったり、DVDを見たりしては自分の体やスペイン人の友だち（セミプロ選手）の体を使っていろいろと実験していました。一輪車に乗ってみたり、一本歯下駄やソールが独特の形をしたMBTシューズを履《は》いてみたり、左右の肩甲骨を別々に動かしてみたり……。

当時のブログに書き綴った実験の数々は、今となっては素敵な思い出です。ちなみに、自分の体を使っての実験は今も継続しており、人体の秘める可能性に日々、驚かされています。

私が身体動作に関心を抱くようになった理由は、その中にこそ「日本がバルサを超える」ためのヒントが隠されていると感じたからです。スペインでは、質の高い身体動作ができる選手は、育てるものではなく〝生まれてくる〟ものであり、〝見つけてくる〟ものだと考えられています。

一方、日本には、身体動作を探求する人々が数多く存在し、質の高い身体動作は〝習得できる〟ものとして、そのためのノウハウが日々考案されています。彼らが探求する繊細で質の高い身体動作をサッカーのトレーニングに採り入れることができたら、バルサを超える選手育成ができるのではないかと考え、さまざまな実験を重ねてきました。

探求すればするほど身体動作の奥の深さに驚かされ、同時に、その無限の可能性にワクワクしたことをよく覚えています。とはいえ、いろいろ試行錯誤したものの、身体動作のトレーニングとサッカーのトレーニングをうまくリンクさせることができず、指導現場に落とし込むことができない日々が続いていました。

月日が流れ、日本に帰国して日本の子供たち相手にスペイン流の指導を行うにあたって、さまざまな課題に遭遇し、悩み苦しみました。そして、それらの課題を克服するためのヒントとなったのが、（偶然というべきか、必然というべきか）興味をもちつつもずっと活用できずにいた身体動作のトレーニングだったことは、本書に記したとおりです。

バルセロナの青空の下、周囲の冷たい視線をものともせず、友人ハビ・ペレスと一緒に一輪車に乗ったり一本歯下駄を履いたりしたことがやっと報われた気がします。¡Javi, muchísimas gracias por probarlos conmigo!

正直に言って、私以上にサッカーと身体動作の関係について長く、深く探求し続け、そして私以上にすばらしい指導をされている方は日本中にたくさんいらっしゃいます。本書を出版することにためらいもありましたが、スペインサッカーの影響を強く受け、「サッカーは戦術だ！」と豪語していた私が、めぐりめぐって身体動作に着目し、リフティングやコーンドリブルを日常のトレーニングに採り入れているようすや、そこにいたったプロセスは、私と同じようにスペインサッカーに魅力を感じている指導者や「飛躍的なレベルアップ」を期待する選手にとって何らかの参考になると思い、「お前は何もわかっちゃいない！」という批判を受けることを覚悟のうえで、あえて刊行させていただきました。

本書が世に出ることを機に、あらためて多くの方々と意見や情報を交換させていただき、サッカーと身体動作の関係についてさらに掘り下げていくことができたら望外の幸せです。

ちなみに、私がいま、最も注目しているのは、より効果的・効率的に身体動作を学習するための「動画による即時のフィードバック」です。武井壮さんが仰るとおり、自分の思いどおりに体を動かすためには、まずは自分がどのように動いているのかを正しく認識する必要があります。

その認識にズレが生じていると、日々のトレーニングが非効率になるだけでなく、ズレをごまかすような誤った身体動作を習得することにつながってしまいます。そのような不幸を招かないためにも、スマートフォンやタブレット端末の超スローモーション撮影・再生機能を活用しての「動画による即時のフィードバック」を指導現場に導入し、選手たちが楽しく、かつ正しく自分自身の動きを認識しながら適切な動作を効果的・効率的に学習できるようにしたいと思っています。

近々、指導現場に試験導入する予定ですので、ご期待ください。と同時に、今後この点に関しても多くの方々と意見・情報交換をさせていただき、より良い学習プロセスを練り上げることができたら嬉しいかぎりです。

本書の出版にあたり、講談社ブルーバックスの倉田卓史さん、スポーツライターの細江克弥さん、そしてアップルシード・エージェンシーの宮原陽介さんには、たいへんお世話になりました。この場を借りてお礼申し上げます。

また、動画の撮影協力を快諾していただいたFC水戸ホーリーホックと、撮影にモデルとして協力してくれた同クラブのジュニアユースの選手たちにも、この場を借りてあらためてお礼申し上げます。ありがとうございました。

さらには、身体動作のトレーニングとサッカーのトレーニングの関係について多くのヒントやアドバイスをくださった前橋ジュニアの青木暢宏さん、大曾根聡さん、ACアスミの戸田直人さん、長澤幸次さん、ヴィヴァイオ船橋の渡辺恭男さん、京都精華女子高校の越智健一郎さん、スエルテ・ジュニオルス横浜の久保田大介さん、元ACアスロンの三木利章さん、アジリズムの木下徹さん、アレクサンダー・テクニークの高椋浩史（大学の同期ということもあり、あえて敬称は略します）、そしてFC水戸ホーリーホックの元同僚の原田さんと李さん、私の脳と身体に多くの刺激を与えてくださり、ありがとうございました。今後とも引き続き、よろしくお願いいたします。

最後に、合理的な身体動作に関する多くの気づきを日々、提供してくれる長男・快晴（7歳）、長女・彩笑（4歳）、次男・湊（2歳）と、小言を言いつつも（苦笑）私の試行錯誤を温かく見守り続けてくれている妻・美寿恵に感謝の言葉を伝えたいと思います。いつも、ありがとうね。快晴の四足走行と彩笑の開脚と湊のハイハイと美寿恵のちょっぴり歪んだ背骨は、尚登にとって最高の研究対象です！

村松　尚登

2016年春

N.D.C.783.47　222p　18cm

ブルーバックス　B-1966

サッカー上達《じようたつ》の科学《かがく》
いやでも巧くなるトレーニングメソッド

2016年 4 月20日　第1刷発行

著者　村松尚登《むらまつなおと》
発行者　鈴木　哲
発行所　株式会社講談社
〒112-8001　東京都文京区音羽2-12-21
電話　出版　03-5395-3524
販売　03-5395-4415
業務　03-5395-3615
印刷所　(本文印刷) 慶昌堂印刷株式会社
(カバー表紙印刷) 信毎書籍印刷株式会社
製本所　株式会社国宝社

定価はカバーに表示してあります。

ISBN978－4－06－257966－7

発刊のことば

科学をあなたのポケットに

二十世紀最大の特色は、それが科学時代であるということです。科学は日に日に進歩を続け、止まるところを知りません。ひと昔前の夢物語もどんどん現実化しており、今やわれわれの生活のすべてが、科学によってゆり動かされているといっても過言ではないでしょう。

そのような背景を考えれば、学者や学生はもちろん、産業人も、セールスマンも、ジャーナリストも、家庭の主婦も、みんなが科学を知らなければ、時代の流れに逆らうことになるでしょう。

ブルーバックス発刊の意義と必然性はそこにあります。このシリーズは、読む人に科学的に物を考える習慣と、科学的に物を見る目を養っていただくことを最大の目標にしています。そのためには、単に原理や法則の解説に終始するのではなくて、政治や経済など、社会科学や人文科学にも関連させて、広い視野から問題を追究していきます。科学はむずかしいという先入観を改める表現と構成、それも類書にないブルーバックスの特色であると信じます。

一九六三年九月　　野間省一